变压器/组合电器
监造技术与应用

刘庆林 / 主编

王　琰　杨震涛　高　国 / 副主编

文化发展出版社
Cultural Development Press

· 北京 ·

图书在版编目（CIP）数据

变压器／组合电器监造技术与应用／刘庆林主编 .
—北京：文化发展出版社，2022.10
　　ISBN 978−7−5142−3738−2

　　Ⅰ．①变… Ⅱ．①刘… Ⅲ．①变压器−制造−
技术规范②组合电器−制造−技术规范 Ⅳ．① TM4−
65 ② TM5−65

　　中国版本图书馆 CIP 数据核字 (2022) 第 051836 号

变压器/组合电器监造技术与应用

主　　编：刘庆林
副 主 编：王　琰　杨震涛　高　国

出 版 人：武　赫
责任编辑：朱　言　　　　　特约编辑：李新承
责任校对：岳智勇　　　　　责任印制：邓辉明
封面设计：盟诺文化　　　　排版设计：盟诺文化
出版发行：文化发展出版社（北京市翠微路2号 邮编：100036）
网　　址：www.wenhuafazhan.com
经　　销：全国新华书店
印　　刷：天津格美印务有限公司

开　　本：710mm×1000mm　1/16
字　　数：137千字
印　　张：8
版　　次：2022年10月第1版
印　　次：2022年10月第1次印刷

定　　价：55.00元
ＩＳＢＮ：978−7−5142−3738−2

◆ 如有印装质量问题，请电话联系：010-88189192

编 委 会

前　言

为提升设备质量，强化监造管理，指导现场监造人员进行现场监造，保证监造现场见证工作顺利开展，笔者特编写此书。该书指导内容完全参照《电力变压器监造规范》《气体绝缘金属封闭开关设备监造规范》《国家电网公司十八项电网重大反事故措施》（变压器/组合电器）《变电站设备验收规范》《国家电网公司物资采购标准》等相关要求，同时将日常发现的问题进行了汇总，现场监造人员可以直接参考查阅。本书可以有利于监造人员快捷地查找监造相关要求，对变压器/组合电器监造流程、生产工艺控制、出厂试验、发现问题、相关标准、国家电网天津市电力公司专项要求等进行了较详细的描述。

目 录

第一部分 变压器

第二部分 组合电器（GIS）

第一部分　变压器

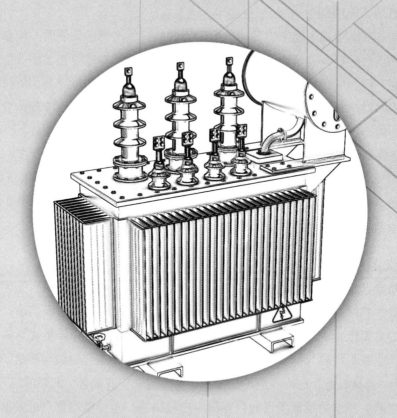

第1章 监造工作开展流程

1.1 前期工作

项目开工前，监造组编写《监造实施细则》；报公司批准，制造厂备案；审查制造厂提供的抗短路计算报告及抗短路措施，确认具有国家电网变压器抗短路中心出具的变压器承受短路能力校核报告；熟悉制造厂的企业性质、隶属关系、人员构成等基本信息；审查制造厂的质量管理体系等质量管理文件；查看生产环境、生产装备、试验检测仪器设备的情况，以及其他相关基本信息。

1.2 驻厂监造工作过程文件及信息报送

1. 监造实施细则

《监造实施细则》是实施驻厂监造工作的指导性文件。编制时，应参照产品的设计联络会纪要、技术协议（投标文件）、监造作业规范等相关文件。《监造实施细则》内容应涵盖产品技术参数、主要原材料组部件的供应商、项目单位特殊要求（"设计联络会纪要""承诺函"明确的相关要求）及供应商试验装备情况等相关内容。《监造实施细则》应在项目开工前10日报送公司审核，公司审核后报送委托单位确认，依据确认后的《监造实施细则》开展工作。《监造实施细则》模板为公司统一下发的模板，仅供参考，监造人员应根据产品技术要求和供应商工艺流程等相关要求完善或修改相应的条款，确保实施过程中能按照监造实施细则执行。

2. 监造日志

"监造日志"是监造人员必做的工作，是监造工作的原始记录，是形成监造工作周报、总结的基础资料，是公司归档的重要技术文件，是追溯监造产品制造过程中的重要依据。"监造日志"能反映工作是否到位、工作质量优与劣、信息虚与实、业务水平高与低。要求监造人员重视"监造日志"的编写质量，具体要求如下："监造日志"的内容应严格按照设备《监造作业规范》的要求编写，《监造作业规范》要求的见证项目和内容都应进行描述，参照监造要点记录见证实况和结论。每天的日志必须附照片，涵盖项目进度情况、现场工序见证情况和文件见证情况、质量问题处理及处理情况。每周二将上一周的日志转换成 PDF 格式发到监造群，以备相关领导审核及查看。

3. 监造周报

"监造周报"的主要目的是让项目单位了解产品制造质量和进度情况，监造人员应围绕该监造产品一周来的进度情况、质量问题及监造情况等进行编写。编写时，应注意提炼主体，突出重点。监造人员应客观、全面地编写监造周报，具体要求如下：内容全面准确、事件跟踪闭环。

4. 电子商务平台填报

电子商务平台是监造工作非常重要的组成部分，监造相关工作（监造任务生成、监造过程记录、发现的质量问题、监造工作总结等）必须通过电子商务平台来完成，电子商务平台是委托单位对公司考核的主体，也是国家电网公司考核委托单位和监理公司的重要手段。

5. 信息传递

监造人员通过电话、电子邮件、电子商务平台等方式沟通相关信息，对于关键点见证通知、监理工作联系单、即时报等文件，应及时发送给相关负责人，并确认对方收到；同时，在电子商务平台进行填报。

1.3　问题发现及处理

1. 一般质量问题

一般质量问题主要是在设备生产制造过程中，出现不符合设备订货合同规定和已经确认的技术标准/文件要求的问题，通过简单修复即可及时纠正。

2. 重大质量问题

（1）制造厂擅自改变供应商或规格型号或采用劣质的主要原材料、组部件、外协件。

（2）在设备生产制造过程中，制造厂的管理或生产环境失控。

（3）设备出厂试验不合格，影响交货进度。

（4）需要较长时间才能修复的问题，包括原材料/组部件不满足技术协议要求，供应商自检未发现而影响产品质量或后续工序的质量，出厂试验不合格等其他重大质量问题。

1.4 监造依据

（1）法律法规：国家和行业的相关法规、规定。

（2）标准：与监造设备相关的国际、国家、行业、公司标准，以及供应商企业标准，如表1-1所示。

表1-1 标 准

序号	标准号	标准名称
1	GB/T 1094.1—2013	电力变压器 第1部分 总则
2	GB/T 1094.2—2013	电力变压器 第2部分 液浸式变压器的温升
3	GB/T 1094.3—2017	电力变压器 第3部分 绝缘水平、绝缘试验和外绝缘空气间隙
4	GB/T 1094.4—2005	电力变压器 第4部分 电力变压器和电抗器的雷电冲击和操作冲击试验导则
5	GB/T 1094.5—2008	电力变压器 第5部分 承受短路的能力
6	GB/T 1094.10—2003	电力变压器 第10部分 声级测定
7	GB/T 6451—2015	油浸式电力变压器技术参数和要求
8	GB/T 2900.94—2015	电工术语 互感器
9	GB/T 2900.95—2015	电工术语 变压器、调压器和电抗器
10	GB/T 4109—2008	交流电压高于1000V的绝缘套管
11	GB/T 5273—2016	高压电器端子尺寸标准化
12	GB/T 8287.1—2008	标称电压高于1000V系统用户内和户外支柱绝缘子 第1部分：瓷或玻璃绝缘子的试验
13	GB/T 8287.2—2008	标称电压高于1000V系统用户内和户外支柱绝缘子 第2部分：尺寸与特性
14	GB/T 26218.1—2010	污秽条件下使用的高压绝缘子的选择和尺寸确定 第1部分：定义、信息和一般原则
15	GB/T 10230.1—2019	分接开关 第1部分 性能要求和试验方法
16	GB/T 10230.2—2019	分接开关 第2部分 应用导则
17	GB/T 20840.1—2010	互感器 第1部分：通用技术要求
18	GB/T 20840.2—2010	互感器 第2部分：电流互感器的补充技术要求
19	GB/T 7354—2003	高电压试验技术局部放电测量
20	GB/T 507—2002	绝缘油 击穿电压测定法
21	GB/T 11604—2015	高压电气设备无线电干扰测试方法
22	JB/T 8314—2008	分接开关试验导则
23	JB/T 8318—2007	变压器用成型绝缘件技术条件
24	JB/T 8448.1—2018	变压器类产品用密封制品技术条件 第1部分：橡胶密封制品

续表

序号	标准号	标 准 名 称
25	JB/T 8448.2—2018	变压器类产品用密封制品技术条件 第 2 部分：软木橡胶密封制品
26	JB/T 10088—2016	6kV～1000kV 级电力变压器声级
27	JB/T 501—2021	电力变压器试验导则
28	DL/T 911—2016	电力变压器绕组变形的频率响应分析法
29	DL/T 417—2019	电力设备局部放电现场测量导则
30	DL/T 1093—2018	电力变压器绕组变形的电抗法检测判断导则
31	DL/T 1094—2018	电力变压器用绝缘油选用导则
32	DL/T 1096—2018	变压器油中颗粒度限值
33	DL/T 586—2008	电力设备监造技术导则
34	GB/T 17468—2019	电力变压器选用导则
35	GB/T 450—2008	纸和纸板试样的采取及试样纵横向、正反面的测定
36	GB/T 1408.1—2016	绝缘材料电气强度试验方法 第 1 部分：工频下试验
37	GB/T 1408.2—2016	绝缘材料电气强度试验方法 第 2 部分：对应用直流电压试验的附加要求
38	GB/T 1408.3—2016	绝缘材料电气强度试验方法 第 3 部分：1.2/50μs 冲击试验补充要求
39	GB/T 463—1989	纸和纸板灰分的测定
40	GB/T 453—2002	纸和纸板抗张强度的测定（恒速加荷法）
41	GB/T 1545.2—2003	纸、纸板和纸浆水抽提液 pH 的测定
42	GB/T 7977—2007	纸、纸板和纸浆水抽提液电导率的测定
43	JB/T 10443.3—2007	电气用层压纸板 第 3 部分：LB3.1A.1 和 LB3.1A.2 型预压纸板
44	GB/T 4585—2004	交流系统用高压绝缘子的人工污秽试验
45	JB/T 6302—2005	变压器用油面温控器
46	JB/T 8450—2016	变压器用绕组温控器
47	JB/T 9642—2013	变压器用风扇
48	JB/T 9545—2013	变压器冷却风扇用三相异步电动机技术条件
49	JB/T 5347—2013	变压器用片式散热器
50	JB/T 6758.1—2007	换位导线 第 1 部分 一般规定
51	GB/T 531.1—2008	硫化橡胶或热塑性橡胶 压入硬度试验方法 第 1 部分：邵氏硬度计法（邵尔硬度）
52	JB/T 8448.1—2018	变压器类产品用密封制品技术条件 第 1 部分：橡胶密封制品
53	GB/T 5721—1993	橡胶密封制品标志、包装、运输、贮存的一般规定

（3）其他相关文件如下。

①国家电网公司产品质量监督有关规定，以及《电力设备（交流部分）监造大纲》《电力变压器监造规范》。

②《变压器全过程技术监督精益化管理实施细则及监督记录》及国家电网某市电力公司颁布的相关文件。

（4）委托监造合同，委托监造工作任务单。

（5）依法签订的设备供货合同、投标技术协议、设计联络会会议纪要。

（6）供应商关于本设备的设计图纸、技术文件、工艺文件。

第2章　原材料、组部件监造要点及要求

在国家电网某市电力公司在监造作业规范基础上，添加了部分补充要求，具体要求如下（以下表格仅保留补充要求部分）。

2.1　原材料

对于原材料，监造人员应做好进厂检验现场见证。监造人员应要求供应商提供原厂检验报告、进厂检验报告。供应商在原材料检验完成后，要保证储存、转运的质量控制，长时间存放的原材料、组部件在使用前应再次进行检验。

（1）电磁线经常出现的问题有以下几点：型号规格与协议不符、电磁线长度不符、绝缘纸有破损现象、换位导线歪曲变形、漆包线表面质量问题、裸导线表面质量问题、屈服强度不符、电阻率不符等。如出现上述问题，应进行处理，合格后方可进入线圈工序。

某市电力公司对原材料检验提出了一系列要求。根据某市电力公司电力科学院要求，供应商需要配合电力科学院对电磁线进行抽检。具体要求如下：高压线圈、中压线圈、低压线圈电磁线各取一段，附材质报告单，写清楚工程名称、厂家名称，将样品邮寄至天津电力科学院。

（2）对硅钢片应要求供应商对平整度、单位铁损进行测量，不平度的检验适用于宽度大于150mm的硅钢片，硅钢片的不平度不应超过1.5%，硅钢片表面应光滑、清洁，不应有锈蚀，不允许有妨碍使用的孔洞、重皮、折印、分层、气泡等缺陷。

硅钢片经常出现的问题有规格型号不符、波浪度大、绝缘漆膜不均、外观颜色深浅不一、色差较大、翘边、毛刺、单位损耗不符、磁感不符等，出现上述问题应向供应商下发"工作联系单"，要求供应商进行处理或者更换，待处理完成后方可进入铁芯制作工序。

（3）绝缘件包括硬纸筒、端绝缘、层绝缘、油道撑条、静电屏和静电板、鸽尾和T形槽口垫块、软角环、绝缘端圈、扇形垫块、U形垫块等。硬纸筒不应有变形、起层和气泡夹层等。端绝缘可以提高线圈端部的机械稳定性。油道撑条在圆筒式线圈中，既是层间绝缘，又是冷却油道；常用层压纸板制成，饼式线圈

撑条用作线圈制成和形成内部轴向油道。60kV及以上的高压线圈的首端一般布置静电板来改善端部电场。静电板是一个有一定绝缘厚度的开口金属环，除了能改善端部电场，使主绝缘距离有所减小，还对第一个线饼（特别是连续式线圈）的匝间电位分布有很大的改善。监造人员应注意静电板焊接质量，避免出现虚焊，造成线圈故障。

2.2 组部件

（1）组部件进厂后，监造人员应现场见证供应商进厂检验过程，并要求供应商提供原厂检验报告、进厂检验记录。例如，天津市电力公司对个别组部件检验提出了特殊要求。根据《关于做好变压器、组合电器监造工作的通知》要求有载分接开关、套管（高压、中压、低压、中性点）进行耐压、局部放电检测等关键出厂试验项目，在试验开始前至少7天发见证邀请函，通知项目单位到附件（有载开关、套管）生产厂家进行现场见证。

（2）天津电力公司设备部印发了《国家电网天津市电力公司油浸式变压器储油柜反事故措施》（津电设备〔2021〕16号），其中关于储油柜生产制造阶段的相关要求如下：储油柜端盖与柜体应采用焊接方式，底部设置集污盒；本体储油柜应独立配置注油管和放油管；储油柜注（放）油管引下线至距地面1.5m处，底部安装阀门，阀门下部应安装三通，一端用于储油柜注（放）油，另一端加装绝缘油取样用针式门或专用取样装置；储油柜主导气（油）管应伸入柜内并高于内壁20～40mm，油位计低油位报警时所指示的柜内油位应高于内壁40mm；本体储油柜顶部放气塞应采用双密封设计，即在放气塞自身密封基础上，外部增加防水密封罩；有载开关储油柜宜与本体储油柜同心等径布置，顶部不设置放气塞，如确需设置放气塞，应经过充分论证；储油柜所有密封部位应选用封闭式密封结构（密封面设有密封槽），密封胶垫应选用定型胶垫（如氟硅橡胶材质，寿命应达到15年以上），胶垫厚度达到密封槽深度1.5倍以上。

2.3 原材料、组部件（某市电力公司要求）

表2-1所示为监造项目、见证内容、见证方式（R表示我方提供检验、试验记录或报告的项目，即文件见证；W表示贵方监造代表参加的检验或试验项目，检验或试验后我方提供检验或试验记录，即现场见证；H表示停工待检）、补充监造要求及监造资料留存方式。

表 2-1 监造项目、见证内容、见证方式、补充监造要求及监造资料留存方式

序号	监造项目	见证内容	见证方式	补充监造要求及监造资料留存方式
1	硅钢片	供货商的资质证明	R	①检查原材料性能参数是否符合技术协议或投标文件等要求； ②检查原材料是否通过入场检查、试验等，以及抽样检查率； ③留存原材料质量证明书、入厂检查记录，纸质资料应留存扫描件；型号和规格，存放环境拍照留存
		原材料质量证明书	R	
		进厂验收报告	R	
		型号和规格	W	
		存放环境	W	
		单位铁损	R	
2	电磁线	供货商的资质证明	R	①检查原材料性能参数是否符合技术协议或投标文件等要求； ②检查原材料是否通过入场检查、试验等，及抽样检查率； ③留存原材料质量证明书、入厂检查记录，纸质资料应留存扫描件，见证方式为W的拍照留存
		原材料质量证明书	R	
		进厂验收报告	R	
		型号和规格	W	
		电阻率	R	
		屈服极限	R	
		延伸率	R	
		固化试验（仅限于自粘导线）	W	
		换位节距测量（仅限于换位导线）	W	
3	绝缘油	供货商的资质证明	R	①变压器新油应由生产厂家提供无腐蚀性硫、结构簇、糠醛及油中颗粒度检测报告，对500kV及以上电压等级的变压器还应提供T501等检测报告； ②留存方式：纸质或电子扫描报告
		原材料质量证明书	R	
		进厂验收报告	R	
		产地和牌号	W	
4	无磁钢板	供货商的资质证明	R	纸质资料应留存扫描件
		原材料质量证明书	R	纸质资料应留存扫描件
		进厂验收报告	R	纸质资料应留存扫描件
		型号和规格	W	拍照留存
		存放环境	W	拍照留存

序号	监造项目	见证内容	见证方式	补充监造要求及监造资料留存方式
5	绝缘纸	供货商的资质证明	R	①检查原材料性能参数是否符合技术协议或投标文件等要求；②检查原材料是否通过入场检查、试验等，以及抽样检查率情况；③留存原材料质量证明书、入厂检查记录
		原材料质量证明书	R	
		进厂验收报告	R	
		产地和牌号	W	
6	绝缘纸板	供货商的资质证明	R	①检查原材料性能参数是否符合技术协议或投标文件等要求；②检查原材料是否通过入场检查、试验等，及抽样检查率；③留存原材料质量证明书、入厂检查记录
		原材料质量证明书	R	
		进厂验收报告	R	
		产地和牌号	W	
7	绝缘成型件	供货商的资质证明	R	①检查原材料性能参数是否符合技术协议或投标文件等要求；②检查原材料是否通过入场检查、试验等，以及抽样检查率情况；③留存原材料质量证明书、入厂检查记录
		原材料质量证明书	R	
		进厂验收报告（含 X 光检测）	R	
		角环转角 R 检查	R	
		产地和牌号	W	
8	绝缘出线装置	供货商的资质证明	R	①检查原材料性能参数是否符合技术协议或投标文件等要求；②检查原材料是否通过入场检查、试验等，以及抽样检查率；③留存原材料质量证明书、入厂检查记录
		原材料质量证明书	R	
		进厂验收报告	R	
		产地和牌号	W	
9	套管	型号和规格、结构尺寸	W	
		供货商的资质证明	R	
		型式及出厂试验报告	R	全密封充油型套管需提供出厂时绝缘油检测报告；留存方式：纸质或电子扫描报告
		进厂检验报告	R	—
10	分接开关	型号和规格	W	—
		供货商的资质证明	R	—
		出厂试验报告	R	—
		进厂检验报告	R	—
11	冷却器与散热器	型号和规格	W	—
		供货商的资质证明	R	—
		出厂试验报告	R	—
		进厂检验报告	R	—
		清洗与检漏	W	—

序号	监造项目	见证内容	见证方式	补充监造要求及监造资料留存方式
12	阀门	型号或规格	W	—
		供货商的资质证明	R	—
		原材料质量证明书	R	—
		进厂检验报告	R	—
13	油泵	型号和规格	W	—
		供货商的资质证明	R	—
		出厂试验报告	R	—
		进厂检验报告	R	—
14	压力释放器	型号和规格	W	—
		供货商的资质证明	R	—
		出厂试验报告	R	—
		进厂检验报告	R	—
15	压力速动继电器	型号和规格	W	—
		供货商的资质证明	R	—
		出厂试验报告	R	—
		进厂检验报告	R	—
16	油流继电器	型号和规格	W	—
		供货商的资质证明	R	—
		出厂试验报告	R	—
		进厂检验报告	R	—
17	套管式电流互感器	型号和规格	W	—
		供货商的资质证明	R	—
		出厂试验报告（含 TPY 级型式试验报告）	R	—
		进厂检验报告	R	—
18	气体继电器	型号和规格	W	检查本体气体继电器是否为带低油位跳闸功能的双浮球型气体继电器，是否带集气盒
		供货商的资质证明	R	
		出厂试验报告	R	
		进厂检验报告	R	
19	测温仪	型号和规格	W	检查变压器油面温控器测温范围是否为 $-20 \sim 140℃$
		供货商的资质证明	R	
		出厂试验报告	R	
		进厂检验报告	R	

序号	监造项目	见证内容	见证方式	补充监造要求及监造资料留存方式
20	储油柜（含胶囊）	型号和规格	W	—
		供货商的资质证明	R	—
		出厂试验报告	R	—
		进厂检验报告	R	—
21	密封件	型号和规格	W	—
		供货商的资质证明	R	—
		出厂试验报告	R	—
		进厂检验报告	R	—
22	管道、法兰盘、螺栓	型号和规格	W	拍照留存
		供货商的资质证明	R	纸质资料应留存扫描件
		出厂试验报告	R	纸质资料应留存扫描件
		进厂检验报告	R	纸质资料应留存扫描件

第3章　生产过程监造要点及要求（工序及试验）

3.1　油箱制作

（1）监造人员应不仅要关注油箱主体的焊缝质量，还要关注其他辅件的焊接质量，从而避免变压器发生质量事故。

油箱有钟罩式结构和桶式结构，监造人员应核实油箱尺寸及钢板厚度，并做好记录。在焊接过程中，对采取的焊接方式及焊条或焊丝的型号规格做好记录。应重点关注油箱试漏，试漏前按工艺要求将上、下节油箱装配完工后，同时将变压器油箱上所有的孔与洞通过密封胶圈、盖板进行封闭。检查是否存在焊缝渗漏，经打磨补焊处理后重新试验，直至试漏合格。对油箱内部清洁度、油箱及储油柜试验合格后，再进行油箱及储油柜内、外表面喷丸处理工艺，喷漆工艺应严格按照图纸要求进行。监造组应要求供应商提供同型号油箱机械强度试验报告，如"协议"或者"设计联络会会议纪要"要求供应商进行该试验，监造人员应要求供应商进行该试验。如果油箱制作过程中存在以下问题，请现场监造人员重视。

①联管作为储油柜、升高座与油箱本体的连接通道，其清洁度往往受到制造厂的忽视，部分制造厂未做任何清洁处理而直接焊接和喷漆，导致变压器注油后因联管内存在铁砂、油污等污物，而直接污染了整台变压器油箱内的油。此外，在油箱内焊接处的一些死角，因焊接、喷丸后空间有限，很容易忽视了此处的清洁度，导致变压器装配注油后变压器油受到了污染，使油中含有金属、非金属各类杂质。

②联管的倾斜度不到位。因电力变压器制造工艺上需要真空注油，且注油前真空度一般要达到1330Pa以下，因此，为了防止在抽真空时空气在联管内窝气，在装配联管时需要一定的倾斜度。该问题应引起重视，因为连管窝气容易造成局放试验时局放值超标。

③油箱焊接工艺不良主要表现为：打磨清理不到位，箱沿、加强铁等部位存在沙眼、弧坑、焊瘤、焊渣、毛刺、咬边、焊缝不饱满、不整齐等问题，密封不严易导致渗漏油等问题。对于此类问题，监造人员应加强对焊工的操作水平等多方面因素的见证和监督。

④喷漆工艺不良：油漆浓度调整不均匀，喷漆量过大造成流淌，形成漆瘤，以及漆膜不均匀从而导致油箱表面漆膜有泛黄、流痕及麻点现象等。至于这些容易忽略的问题，会对变压器的使用产生重要影响。

（2）油箱制作问题汇总及原因分析，如表3-1所示。

表 3-1　油箱制作问题汇总及原因分析

工序名称	质量问题归类	质量问题描述	质量问题及现象	具体原因
油箱制作	焊接不良	焊条、焊丝使用不良	焊条、焊丝型号使用不正确	错用牌号，操作人员未按工艺要求操作
	焊接不良	焊接方法不良	焊接方法不符合工艺要求	操作人员未按工艺要求操作
	焊接不良	焊缝不良	焊瘤、焊渣	焊接器具不良，焊接工人技能不够
	焊接不良	焊缝不良	砂眼	焊接器具不良，焊接工人技能不够
	焊接不良	焊缝不良	平整度不符	焊接器具不良，焊接工人技能不够
	焊接不良	焊缝不良	焊缝高度不符	焊接器具不良，焊接工人技能不够
	焊接不良	焊接变形	垂直度不符	操作人员未按工艺要求操作，工艺缺陷，工人技能不够
	焊接不良	焊接变形	平行度不符	操作人员未按工艺要求操作，工艺缺陷，工人技能不够
	焊接不良	焊接变形	扭曲	操作人员未按工艺要求操作，工艺缺陷，工人技能不够
	喷砂不良	喷砂前表面处理不良	未作清洁油污处理	操作人员未按工艺要求操作
	喷砂不良	喷砂前表面处理不良	未磨平尖角、毛刺、焊瘤	操作人员未按工艺要求操作
	喷砂不良	喷砂前表面处理不良	未清理飞溅物	操作人员未按工艺要求操作
	喷砂不良	喷砂过程不良	喷砂不到位	操作人员未按工艺要求操作
	喷砂不良	喷砂过程不良	喷砂防护不当	操作人员未按工艺要求操作
	喷砂不良	喷砂后表面处理不良	喷砂后表面异物及粉末处理不彻底	操作人员未按工艺要求操作
	喷漆不良	颜色不符	外观颜色不符合技术协议要求	未按技术协议作业

续表

工序名称	质量问题归类	质量问题描述	质量问题及现象	具体原因
油箱制作	喷漆不良	喷漆过程不良	均匀度不符	操作人员未按工艺要求操作，工艺缺陷，工人技能不够
	喷漆不良	喷漆过程不良	厚度不符合工艺要求	操作人员未按工艺要求操作
	喷漆不良	喷漆过程不良	未按要求涂防锈漆	未按工艺要求作业
	配装质量不良	联管配置质量不良	联管尺寸不符	操作人员未按工艺要求操作
	配装质量不良	联管配置质量不良	联管曲向不符	操作人员未按工艺要求操作
	配装质量不良	联管配置质量不良	联管坡度不符	操作人员未按工艺要求操作
	配装质量不良	升高座配装不良	升高座偏斜角度不准确	操作人员未按工艺要求操作
	配装质量不良	全部冷作附件未进行预组装	全部冷作附件未进行预组装	操作人员未按工艺要求操作
	油箱磁屏蔽安装不良	磁屏蔽一点有效接地	磁屏蔽对地绝缘电阻通路	有局部缺陷或有杂物造成搭接短路
	油箱整体清洁度不良	磁屏蔽一点有效接地	油箱内部有异物	操作人员未按工艺要求操作
	磁屏蔽安装不良	油箱磁屏蔽固定接地不良	放电造成绝缘损坏	悬浮放电，色谱异常

（3）油箱制作（某市电力公司附加要求）如表3-2所示。

表 3-2　油箱制作

序号	见证项目		见证内容	见证方式	见证方法	见证要点	补充监造要求及监造资料留存方式
1	用料（钢材）	1.1	箱体所用钢材的生产厂家牌号、厚度	R、W	查验原厂质量保证书；查看制造厂的入厂检验记录；查看实物；记录规格、牌号	要求：规格、厚度和设计相符，表观质量合格；材料的牌号、规格，要求与设计图纸、入厂检验记录、见证文件和实物同一	①原厂质量保证书、设计图纸、制造厂的入厂检验记录、现场记录的规格、牌号的监造见证文件等纸质资料应留存扫描件；②实物应拍照留存
		1.2	箱体特殊部位所用特殊材料	R、W			

序号	见证项目		见证内容	见证方式	见证方法	见证要点	补充监造要求及监造资料留存方式
2	焊接	2.1	焊接方法焊接质量	W	对照焊接工艺文件；观察实际焊接操作	要求： ① 焊缝饱满，无缝无孔，无焊瘤、无夹渣； ② 承重部位的焊缝高度符合图纸要求。 提示： 不同焊缝和不同的焊接部位可能采用不同的焊接工艺方法	①焊接工艺文件、图纸、监造见证文件等纸质资料应留存扫描件。 ②拍摄现场拍摄焊接成品外观，并留存照片
		2.2	不同材质材料间的焊接	W		提示： 不同材质材料间的焊接，难度和技术要求都较高	
		2.3	所用焊条和焊丝	W	对照工艺文件；记录焊条焊丝牌号		焊接工艺文件、监造见证文件等纸质资料应留存扫描件
		2.4	上岗人员资质	R	查验员工上岗证书或考核记录	要求： 非合格人员不能上岗	员工上岗证书、考核记录等纸质资料应留存扫描件
5	油箱试验	5.1	油箱整体密封气压试漏	W	对照订货技术协议和工艺文件；观察试验过程；记录试验压力、持续时间	要求： 检漏气压通常为0.05MPa。跟踪泄漏处理，直至复试合格。 提示： 密封试漏属例行试验，750kV及以上设备应进行泄漏率测试	照片记录油箱、冷却器密封性试验压力值、试验时间
6	油箱屏蔽	6.1	屏蔽质量	W	对照设计图纸；现场查看、观察	要求： 磁屏蔽注意安装规整，绝缘良好；电屏蔽注意焊接质量	照片记录磁屏蔽外观检查，以及对地绝缘电阻测量过程、结果

3.2　铁芯制作

铁芯是变压器的重要组成部分。铁芯由叠片、绝缘件、夹件等结构件组成，还包括垫脚、拉板、拉带、压钉等。优质硅钢片首先是电磁性能符合标准要求，表面平整，无损伤，无波浪弯曲，无折边，无痕迹，无锈迹，厚薄均匀一致，绝缘膜牢固。

影响铁芯质量的主要因素有剪切毛刺过大，硅钢片绝缘膜的质量不好，尺寸的偏差、叠片的气隙过大，加工过程中的机械手力、铁芯夹紧力是否适当，是否有冲孔、磕碰划伤等。

如果毛刺过大，会造成片间搭接短路、涡流损耗增加、叠片系数降低，导致有效面积内铁芯的净面积减少、磁通密度提高、损耗增加和噪声增加。毛刺还可能造成绝缘膜损坏，从而造成片间短路。如出现卷边，应要求供应商直接报废。在生产中，应减少磕碰、敲打，硅钢片受力变形会使磁畴结构受到破坏；如果在操作和搬运过程中磕碰、划伤、弯曲，都会造成空载损耗增加；频繁敲打容易破坏晶格排列，导致性能降低。

铁芯叠片容易出现以下问题：夹件、拉板放置位置不符，片间有杂异物，端部硅钢片卷边、弯曲、变形、有搭接、直径偏差不符，铁芯总叠厚不符，主级叠厚不符，波浪度不符，离缝偏大，端面不平整，垂直度不符，铁芯表面树脂胶有流挂，绑扎带绑扎间距不符合图纸要求，夹件拉带发生变形，垫块与铁芯级差不匹配，垫块与夹件之间有间隙，接地引出线焊接不饱满，铁芯对夹件绝缘电阻通路，油道之间绝缘电阻通路，铁芯屏蔽未有效接地。关于以上问题的出现，有些是供应商未严格按照工艺要求执行，有些是未按图纸要求执行，有些是供应商操作人员操作不当对于出现的问题，应该及时向供应商发"工作联系单"，问题严重的应同时向项目单位发"及时报"。

铁芯是电力变压器的基本组件，由铁芯本体、结构件和接地片等组成。三相变压器有三相三柱式铁芯、三相五柱式铁芯两种。铁芯夹件一般做成板式结构，夹件没有支板，由一块腹板组成。上夹件上焊有加强铁，供压紧绕组用，这样可以减小绕组漏磁通在夹件中的损耗。下夹件上焊有定位钉的支板，供器身定位用，通过拉带及垫脚侧梁夹紧下铁轭。上下夹件通过拉板连接，拉板位于铁芯表面。在绕组的内部，在吊起的过程中拉板承受器身重量。

拉板是一个承受机械力的结构件，位于绕组与叠片之间，该处有较强的漏磁场，是一个漏磁场的结构件，一般采用低磁材料。拉板位于绕组漏磁场的辅向漏磁通的位置，辅向漏磁通在拉板中感应出涡流引起损耗。为了降低涡流损耗，拉板纵向开槽。

铁芯制作问题汇总及原因分析如表3-3所示。

表 3-3　铁芯制作问题汇总及原因分析

工序名称	质量问题归类	质量问题描述	质量问题及现象	具体原因
铁芯制作	裁剪不良	尺寸超差	片宽不符合要求	设备不达标、操作人员操作不当
	裁剪不良	尺寸超差	片长不符合要求	设备不达标、操作人员操作不当
	裁剪不良	尺寸超差	角度不符合要求	设备不达标、操作人员操作不当
	裁剪不良	毛刺不符	毛刺不符合要求	设备不达标、操作人员操作不当
	裁剪不良	波浪度不符	波浪度不符合要求	设备不达标、操作人员操作不当
	裁剪不良	表面质量不符	漆膜损伤	设备问题，防护不当
	裁剪不良	表面质量不符	边角磕碰	防护不当
	裁剪不良	表面质量不符	表面存在污渍	未及时清理
	叠片不良	夹件、拉板放置不到位	夹件、拉板放置位置不符	叠片搭台后未测量夹件、拉板对角线偏差及水平度
	叠片不良	片间清理不到位	片间有杂异物	叠片中未及时清理防护
	叠片不良	硅钢片有损伤	端部硅钢片卷边、弯曲、变形	操作不当，未防护
	叠片不良	叠片	有搭接	操作人员未认真操作
	叠片尺寸	铁芯整体尺寸不良	直径偏差不符	未按图纸要求作业，铁芯中有夹杂
	叠片尺寸	铁芯整体尺寸不良	铁芯总叠厚不符	未按图纸要求作业，铁芯中有夹杂
	叠片尺寸	铁芯整体尺寸不良	主级叠厚不符	未按图纸要求作业，铁芯中有夹杂
	叠片尺寸	铁芯整体尺寸不良	窗口尺寸不符	未按图纸要求作业，铁芯叠片时垂直度不满足要求
	叠片尺寸	铁芯整体质量不良	波浪度不符	铁芯未夹紧
	叠片尺寸	铁芯整体质量不良	离缝偏大	铁芯未夹紧
	叠片尺寸	铁芯整体质量不良	端面不平整	叠片时垂直度不满足要求

续表

工序名称	质量问题归类	质量问题描述	质量问题及现象	具体原因
铁芯制作	叠片尺寸	铁芯整体质量不良	垂直度不符	未按图纸、工艺要求作业，叠片时垂直度不满足要求
	铁芯装配不良	铁芯表面所涂树脂胶不均匀	铁芯表面树脂胶有流挂	一次涂抹的树脂胶太多
	铁芯装配不良	绑扎带绑扎间距不符合图纸要求	绑扎带绑扎间距不符合图纸要求	未按图纸、工艺要求作业
	铁芯装配不良	夹件拉带发生变形	夹件拉带发生变形	铁芯未夹紧
	铁芯装配不良	垫块与铁芯级差不匹配	垫块与铁芯级差不匹配	加工尺寸有误差，装配有误差
	铁芯装配不良	垫块与夹件之间有间隙	垫块与夹件之间有间隙	加工尺寸有误差，装配有误差
	铁芯装配不良	下夹件上肢板的平面度不符	下夹件上肢板的平面度不符	加工尺寸有误差，装配有误差
	铁芯装配不良	接地引出线焊接不饱满	接地引出线焊接不饱满	未按工艺要求作业
	铁芯装配不良	紧固方式不符	紧固方式不符	未按工艺要求作业
	铁芯装配不良	紧固材料不符	紧固材料不符	未按工艺及图纸要求作业，紧固材料不在有效期内
	铁芯装配不良	绝缘电阻不符合要求	铁芯对夹件绝缘电阻通路	有局部缺陷或有杂物造成搭接短路
	铁芯接地不良	铁芯多点接地	铁芯接地电流超标、色谱异常、铁芯对地绝缘电阻不合格。铁芯内部各接地点之间产生环流，铁芯局部过热，严重时烧毁	铁芯对地绝缘损坏造成铁芯多点接地
	铁芯接地不良	铁芯多点接地	铁芯接地电流超标、色谱异常、铁芯对地绝缘电阻不合格。铁芯内部各接地点之间产生环流，铁芯局部过热，严重时会发生烧毁	油箱内有异物造成铁芯多点接地
	铁芯接地不良	铁芯多点接地	铁芯接地电流超标、色谱异常、铁芯对地绝缘电阻不合格。铁芯内部各接地点之间产生环流，铁芯局部过热，严重时烧毁	穿心螺杆、铁轭夹件、绑扎钢带、线圈压环、屏蔽环对地绝缘损坏造成铁芯多点接地
	铁芯接地不良	紧固方式不符	声级测量超标	铁芯紧固件松动造成铁芯松动，造成铁芯产生噪声
	铁芯接地不良	铁芯屏蔽未有效接地	局部放电、色谱异常	产生悬浮电位对地放电

（3）铁芯制作（监造作业规范特别要求）如表3-4所示。

表 3-4　铁芯制作

序号	见证项目	见证内容		见证方式	见证方法	见证要点	补充监造要求及监造资料留存方式
1	原材料：硅钢片	1.1	材料的型号、生产厂家、性能指标	R、W	查验原厂出厂文件（质保单、检验报告等）；查看实物	要求：型号和原厂家应与技术协议书相符；若实物、文件不同一，则按本表1.3处置。提示：必要时，抽检单耗、平整度等性能指标	①原厂出厂文件（质保单、检验报告等）、监造见证文件等纸质资料应留存扫描件；②实物应拍照留存
		1.2	进厂材料是纵剪后的定宽料	R	查验原厂出厂文件、加工厂的标示文件和制造厂的验收文件；核对硅钢片型号、单位损耗值		原厂出厂文件、加工厂的标示文件和制造厂的验收文件、监造见证文件等纸质资料应留存扫描件
		1.3	实物或文件与技术协议要求一致性	R	查验出厂文件、检验报告等	提示：应及时汇报监造委托人，并对问题的联系、处置和决定应用书面文件（监造工程师可提出自己的见解或建议）	出厂文件、检验报告、监造见证文件等纸质资料应留存扫描件
		2.3	纵剪质量	W	对照工艺及检验要求；观察质检员的检测；查看检测记录	要求：① 片宽一般为负公差（-0.3～-0.1mm）；② 毛刺≤0.02mm；③ 条料边沿波浪度≤1.5%（波高/波长）	①监造见证文件等纸质资料应留存扫描件；②实物应拍照留存
		2.5	横剪质量	W	对照工艺及检验要求；观察剪成的铁芯片长度和角度误差的检测	要求：毛刺≤0.02mm。确认检测方法有效、准确	①监造见证文件等纸质资料应留存扫描件；②实物应拍照留存

3.3　线圈制作

绕组是变压器变换电压的基本组件。绕组由不同的匝数组成，由于不同绕组的每匝电压相同，因此需要绕组有不同的匝数才能得到不同的电压。绕组既要能在特定工作条件下长期运行，又要经受住过渡过程中产生的过电压、过电流及相应电磁力的作用。线圈应有足够的绝缘强度、抗短路能力、耐热能力及良好的散热条件。在制作工艺上，除要确保绝缘完好和清洁度外，还要做到绕紧、套紧和压紧。

油浸式电力变压器常用的导线有扁导线、组合导线、换位导线，要保证变压器线圈的电气强度，除了采用合适的线圈绝缘结构、设计的数据充分可靠外，制造线圈的工艺过程、使用的材质及工艺环境等对线圈的电气强度也有影响，因此，在线圈制造过程和装配中必须注意以下几点：导线规格及其绝缘层必须符合要求，导线本身无毛刺、尖角、裂纹、绝缘损坏、跑层，同时焊接质量要绝对可靠；线圈的所有绝缘应符合要求，在制造过程中要保持清洁、防尘，绝缘件要光滑，无尖角、毛刺。线圈制造过程中的换位、衬垫和绑扎等要合适，确保线圈压紧运行过程中不致损坏绝缘；线圈的干燥处理注意温度控制，应采用恒温干燥。

线圈的绕向分为左绕向和右绕向，左绕向从起绕头开始，线匝沿左螺旋前进或者对起绕头进行观察时，导线由起绕头开始按逆时针方向旋转则定义为左绕向。右绕向从起绕头开始，线匝沿右螺旋前进或者对起绕头进行观察时，导线由起绕头开始按顺时针方向旋转则定义为右绕向。简化说法：左起左绕向，右起右绕向。线圈分层式和饼式，饼式线圈分为连续式、纠结式、内屏连续式、螺旋式、交错式。

绕组制作控制要求：导线尺寸及绕包质量符合设计和质量要求；线圈绕制符合图样要求，匝数要正确；匝绝缘良好无损坏，尤其是线段出头短路，出头要经过很多次的弯折最容易受损伤；并联导线间无短路、断路；线圈S换位弯不能进垫块，不允许出现剪刀口，换位处需加包绝缘，不得进入垫块，换位处要有加强措施，不允许悬浮布带、纸袋、线段悬空；导线焊接良好，搭接长度为宽度的1~1.5倍，无尖角毛刺、氧化物、碳化物，包扎绝缘良好；焊接厚度抗拉强度不得低于原导线的强度；油隙垫块位置偏差，包括排列和等分，应控制好，否则会影响套装；线段紧实不松动，间隙符合要求。

绕制过程中要素的见证：辐向尺寸控制，确认绕组线饼的辐向尺寸符合图纸要求，线饼完成后紧实、无松动。如出现绕组辐向尺寸超差，甚至线饼高出垫块，要及时向供应商发"工作联系单"，并要求其处理。屏线处理：确认内屏绕组中屏线的起始和终结头的绝缘处理规范正确。一般内屏线段都处于高场强区域，其端头为悬浮端，因此，对其导线端头的形状和绝缘处理都有严格的工艺要求。

　　绕组制作应注意以下问题：导线S弯处绝缘薄弱而没加包绝缘，以及加包的绝缘进入垫块处，导致线饼不平整等现象；线圈出头绝缘包扎松散、不紧实、不规整；换位导线出头绝缘漆清理不干净，有残留；线圈出头部分与底部换位牛角垫块重合，导致出头部分超高；线圈垫块上下不在同一直线下，导致线圈加压时受力点不在同一焊接点，内侧的组合导线长，外侧的组合导线短，线圈绕制不紧实。其他问题如：导线绝缘破损、露铜，线圈绕制完成后测试发现两处换位纸板放置倾斜，线圈内撑条未粘牢、开裂，挡油板破损；在绝缘筒之间，垫块位置偏差超规定。线圈制作由于清洁度要求高，而制作过程中存在大量手工操作，需要现场监造人员加强现场巡检力度。

　　对于220kV级以上的大型变压器，绕组通常要实施两次带压真空干燥。要记录入炉处理过程、是否采用恒压干燥以及控制的温度、时间和真空度。绕组整形最好的方法是用绕组整形压力机，如果是用螺杆拉压，上、下压板和拉螺杆的设置要合理。整形压力应严格按照图纸要求执行，如果现场实际施加压力和图纸标注要求有较大差距，应及时与供应商进行沟通。

　　线圈制作工序问题汇总及原因分析如表3-5所示。

表3-5　线圈制作工序问题汇总及原因分析

工序名称	质量问题归类	质量问题描述	质量问题及现象	具体原因
线圈制作	纸筒不良	外形及尺寸不符合要求	纸板厚度不符	用料错误
	纸筒不良	外形及尺寸不符合要求	内径不符	下料尺寸偏差或错下
	纸筒不良	外形及尺寸不符合要求	垂直度偏差大	下料尺寸不准，对角尺寸偏大
	纸筒不良	粘接长度不在（20～30）倍纸板厚度的范围	粘接长度大于30	下料尺寸不准
	纸筒不良	粘接长度不在（20～30）倍纸板厚度的范围	粘接长度在15～20	下料尺寸不准
	纸筒不良	粘接长度不在（20～30）倍纸板厚度的范围	粘接长度小于15	下料尺寸不准
	纸筒不良	开裂	纸筒在粘接部分开裂	粘接不良
	纸筒不良	开裂	纸筒在非粘接部分开裂	纸筒本身质量不良受到外力破坏

续表

工序名称	质量问题归类	质量问题描述	质量问题及现象	具体原因
线圈制作	撑条、垫块不良	未密化处理	垫块密度（硬度）不够	冲制垫块前未按工艺要求对条料进行密化处理
	撑条、垫块不良	未密化处理	垫块密度（硬度）不够	工艺无要求
	撑条、垫块不良	未密化处理	垫块密度（硬度）不够	外购件无此要求或没有检查
	撑条、垫块不良	尖角毛刺	垫块周边无圆角、毛刺超标，有手感	冲制模具或冲模刀口老化
	撑条、垫块不良	开裂	垫块起层	纸板质量不良
	撑条、垫块不良	开裂	垫块起层	冲压模具不良
	绝缘材料及绝缘成型件加工不良	有裂纹、毛刺、尖角	绝缘件有破裂现象	加工或制作方法不当
	静电屏不良	形状、外形尺寸不良	引出位置不良	引出线位置和图纸要求不符
	静电屏不良	形状、外形尺寸不良	焊接、固定不良	引出线虚焊、引出线串位
	静电屏不良	绝缘纸的材质不符	所用包扎绝缘纸和图纸或工艺要求不符	操作者未按要求作业
	静电屏不良	绝缘纸的材质不符	所用包扎绝缘纸和图纸或工艺要求不符	材料代用
	层间绝缘纸不良	牌号不符	所用料和图纸及工艺要求不符	材料用错
	层间绝缘纸不良	厚度不符	所用料和图纸及工艺要求不符	材料代用
	层间绝缘纸不良	使用层数不符	层间绝缘纸层和图纸要求不符	施工者未按要求施工
	层间绝缘纸不良	破损	层间绝缘纸有撕裂或破损	纸质不良
	绝缘纸筒与撑条垫块位置不良	撑条与纸筒的粘接位置不良	撑条在纸筒上的分布间隙不均	施工人员没有认真操作
	线圈绕制不良	线圈绕制形式不符	线圈绕制形式不符合图纸要求	不按图施工
	线圈绕制不良	线圈绕向不符	线圈绕向不符合图纸要求	不按图施工，或看错图纸要求
	线圈绕制不良	段数、匝数不符	段数、匝数不符	不按图施工

工序名称	质量问题归类	质量问题描述	质量问题及现象	具体原因
线圈制作	线圈绕制不良	辐向尺寸及紧密度不符	线饼显得疏松，辐向尺寸偏差超标	绕制时换位尺寸不符
	线圈绕制不良	辐向尺寸及紧密度不符	线饼显得疏松，辐向尺寸偏差超标	线段中的垫块不够尺寸
	导线换位处理不良	换位处辐向尺寸不良	导线撇弯不规范，弯后没有将导线处理平整	影响该线段线圈的纵向油道；严重时辐向尺寸高出垫块，影响线圈套装
	导线换位处理不良	换位处有剪刀口	可能导致导线绝缘破损，造成匝间短路	绕制线段时，换位的位置不准确
	线圈绕制不良	线圈绕向不符	线圈绕向不符合图纸要求	不按图施工，或看错图纸要求
	线圈绕制不良	段数、匝数不符	段数、匝数不符	不按图施工
	线圈绕制不良	辐向尺寸及紧密度不符	线饼显得疏松，辐向尺寸偏差超标	绕制时换位尺寸不符
	线圈绕制不良	辐向尺寸及紧密度不符	线饼显得疏松，辐向尺寸偏差超标	线段中的垫块不够尺寸
	导线换位处理不良	换位处辐向尺寸不良	导线撇弯不规范，弯后没有将导线处理平整	影响该线段线圈的纵向油道；严重时辐向尺寸高出垫块，影响线圈套装
	导线换位处理不良	换位处底部垫条凹量大	线圈内油道堵塞	没有将垫条和导线进行必要的固定
	导线焊接不良	焊接部位不平整	造成焊头部分线圈尺寸增大	焊后没有认真按工艺要求进行焊头处理
	导线焊接不良	焊接不牢靠、表面不光滑、焊接不饱满	引线线圈电阻增大造成线圈局部过热，给变压器安全运行留下隐患	焊接工装器具不合要求
	导线焊接不良	焊接不牢靠、表面不光滑、焊接不饱满	引线线圈电阻增大造成线圈局部过热，给变压器安全运行留下隐患	焊工技能不合要求

续表

工序名称	质量问题归类	质量问题描述	质量问题及现象	具体原因
线圈制作	导线焊接不良	组合导线焊接后，内侧的导线长，外侧导线短	引线焊接处线圈辐向尺寸过大，可能造成组合导线绝缘破损	焊接时没有认真按实际导线长度比画线
	线圈出头不良	线圈出头位置不良	出头位置不符合图纸及要求，或长，或短，造成引线制作困难	出线弯制时卡位不准确
	线圈出头不良	线圈出头绝缘不良	线圈出头绝缘漆清理不干净有杂物	导线绝缘化漆工艺不完善
	线圈出头不良	线圈出头绝缘不良	出头绝缘包扎松散、不紧实、不规整、有破损	操作人员没有按工艺要求操作
	并联导线不良	单根导线断路	用万用表测导线头尾不通	导线不合格
	并联导线不良	并绕导线间短路	用万用表测导线头尾通路	导线绝缘破损或导线换位处有剪刀差造成绝缘破损
	并联导线不良	组合导线和换位导线股间短路	用万用表测导线头尾通路	导线绝缘破损或导线换位时工艺处理不良
	绝缘件位置不当	过渡垫块位置不良	过渡垫块放置位置不当，堵塞油道	施工时放置不当或线饼收紧时移位
	线圈干燥不良	干燥过程温度不符	记录的温度和工艺要求温度不符	干燥设备不达标，有缺陷
	线圈干燥不良	干燥过程真空度不符	记录的真空度和工艺要求不符（过低）	操作人员没有按工艺要求操作
	线圈干燥不良	干燥过程持续时间不符	记录的干燥处理时间与工艺要求的相差较大	操作人员没有按工艺要求操作，赶工期
	线圈高度调整不符	施加压力不符	整形施加压力和图纸及工艺文件要求不符	操作人员没有按工艺要求操作
	线圈高度调整不符	调整高度时方法不良	增加或减少垫块时随意性很大	不按图纸指定的位置增加或减少垫块

工序名称	质量问题归类	质量问题描述	质量问题及现象	具体原因
线圈制作	线圈高度调整不符	调整高度时方法不良	增加或减少垫块时随意性很大	不按工艺文件要求的方法增加或减少，操作随意
	线圈高度调整不符	压装时，未仔细观察撑条位置，压块放置不合理	压块放置不合理致使线圈试压时无法压到位	操作人员没有按工艺要求操作
	线圈高度调整不符	未遵循"控制压力，调整高度"的理念，简单以保证线圈高度为目的	只以满足高度为线圈整形目标	不理解工艺理念的内涵，工艺操作文件中也无此要求
	线圈高度调整不符	未遵循"控制压力，调整高度"的理念，简单以保证线圈高度为目的	只以满足高度为线圈整形目标	操作人员没有按工艺要求操作

线圈制作（监造作业规范特别要求）如表3-6所示。

表3-6 线圈制作

序号	见证项目	见证内容	见证方式	见证方法	见证要点	补充监造要求及监造资料留存方式
1	导线及绝缘材料	1.1 变压器线圈导线生产厂家导线型号及线规	R、W	对照设计图纸的要求；查验生产厂质量保证书；查看制造厂入厂检验文件；查看实物；必要时查验订货合同	要求：①生产厂质保书线规标示、设计图纸要求、制造厂入厂检验文件和实物标示四同一；②对有硬度等要求的导线要查核设备出厂质保书实测值；③如果生产厂家与技术协议书要求的不一致，则要书面通知监造委托人，并附上有关见证文件和监造的意见；④实物应包装完好，无扭曲变形、绝缘纸无破损；⑤导线电阻率、绝缘厚度和层数以及导线外形尺寸应符合相关标准	①设计图纸、生产厂质量保证书、制造厂入厂检验文件、订货合同、监造见证文件等纸质资料应留存扫描件；②实物应拍照留存

续表

序号	见证项目	见证内容	见证方式	见证方法	见证要点	补充监造要求及监造资料留存方式
1	导线及绝缘材料	1.2 硬纸筒	W	对照设计图纸和工艺文件；现场查看纸板、观察制作	要求： ① 通常要用高密度硬纸板，粘接长度约（20～30）倍纸板厚度； ② 外观光洁平整。 提示： 注意纸板厚度、纸筒外径和垂直度偏差	①监造见证文件等纸质资料应留存扫描件； ②实物应拍照留存
		1.3 线圈垫块	W	对照设计图纸和工艺文件；查看表观质量	要求： 应经密化处理，无尖角毛刺。 提示： 如由本厂绝缘车间生产，可现场观察；如系外购，应查验出厂质保书	①监造见证文件等纸质资料应留存扫描件； ②实物应拍照留存
		1.4 线圈撑条	W	对照设计图纸和工艺文件；查看表观质量	要求： 应经密化处理，无尖角毛刺。在纸筒上粘接均匀、牢固。 提示： 比较各撑条间距	①监造见证文件等纸质资料应留存扫描件； ②实物应拍照留存
		2.5 导线的焊接	W	对照相关工艺文件；现场观察实际的焊接设备及操作，必要时查验焊工的考核情况	要求： ① 焊接牢固，表面处理光滑、无尖角毛刺，焊后绝缘处置规范，全过程防屑措施严密； ② 设计规定要焊接换位导线时，制造厂应有相应的工艺要求； ③ 导线焊接人员应定期考核	①监造见证文件等纸质资料应留存扫描件； ②实物应拍照留存

3.4　器身装配

变压器的绝缘分为内绝缘和外绝缘两大类。绝缘又分为主绝缘和纵绝缘两类。主绝缘是每一个线圈对地部分及其他线圈间的绝缘。纵绝缘为线圈的线匝间、层间、线饼间的绝缘。要保证线圈不损坏，保证高、中、低压线圈的同心度和安匝平衡、出头位置、对地距离及铁芯的质量，特别是清洁度的问题，装配的时间较长。因此，应保持各部件的清洁度，同时注意防止杂物落入器身。

铁芯、夹件必须一点可靠接地。注意装配间隙的控制，避免装配松动，以及由此造成的线圈和绝缘件损伤。装配时，内外线圈的撑条应该对齐，垫块的水平和等分位置正确，绝缘垫块不能出现松动；器身表面清洁，不允许有金属和非金属异物进入器身。引线装配时，应控制好焊接质量、绝缘包扎的厚度、绝缘距离等。

引线一般分为以下3种：线圈线端与套管连接的引出线、线圈端头间的连接引线、线圈分接与开关相连的分接引线。引线应满足如下3个要求：电气性能、机械性能、温升要求。引线有裸圆线、纸包圆线、裸母线排、铜管等，引线最小绝缘距离应参照供应商厂内工艺执行。

完成固定引线任务的零件主要为导线夹。常用的导线夹材料有层压木和层压纸板。导线夹禁止使用酚醛材料，穿过导线夹的引线加包绝缘应严格按照图纸执行，监造人员应进行核实。

关于接头屏蔽绝缘处理见证，无论采取哪种连接方式，接头的处理和绝缘包扎都很重要。对于焊头，要仔细打磨清理，要求平滑、清洁。冷压接方式在压接后，也要清除尖角毛刺。在此基础上，要对接头进行仔细的屏蔽。通常是采用铝箔（或锡箔），不仅要求屏蔽后的接头表面铝箔平滑，而且内部也要填实，紧密不留气囊。随后，才能按要求包扎绝缘纸。因为，这些部位的连接、屏蔽，以及绝缘包扎的每一个环节，都将直接影响产品质量和产品试验中的电气性能。

变压器器身装配完成后，要注意以下几个问题：验证变压器器身和油箱各相关配合尺寸设计和制造是否正确；主要内容有相关部件部位无碰撞、互碍现象，器身在油箱中定位准确；全面检查引线的绝缘距离，包括引线对绕组、引线对引线、引线到接地部件、引线到箱壁（磁屏蔽板）的距离是否符合要求；验证分接开关安装孔和器身开关托架位置是否正确。

器身装配工序问题汇总及原因分析如表3-7所示。

表 3-7　器身装配工序问题汇总及原因分析

工序名称	质量问题归类	质量问题描述	质量问题及现象	具体原因
器身装配	绕组套装不良	线圈松紧度不符	线圈套装时过紧或无法套进	线圈内径负偏差或过小，套装内侧外径正偏差或过大
	绕组套装不良	线圈松紧度不符	线圈套装时过松，在无外力的情况下很自然地就位	线圈内径正偏差过大，套装内侧外径负偏差或过小
	绕组套装不良	地屏未接地	线圈套装前未按要求将地屏接地，造成后补工作操作困难	操作人员疏忽
	绕组套装不良	下铁轭垫块及下铁轭绝缘不与夹件肢板接触紧密	下铁轭垫块放上去后，在自然状态下，和下夹件之间间隙过大	铁芯装配时，高、低压下夹件装配时不规整，某一侧有翘角
	绕组套装不良	下铁轭垫块及下铁轭绝缘不与夹件肢板接触紧密	下铁轭垫块放上去后，在自然状态下，和下夹件之间间隙过大	下夹件制作时上肢板不平整
	上铁轭装配不良	上铁轭质量不良	波浪度不符	操作不良
	上铁轭装配不良	上铁轭质量不良	离缝偏大	操作不良
	上铁轭装配不良	上铁轭质量不良	端面不平整	操作不良
	上铁轭装配不良	上铁轭质量不良	铁芯片有搭接	操作不良
	上铁轭装配不良	绝缘电阻不符	铁芯对夹件绝缘电阻通路	有局部缺陷或有杂物造成搭接短路
	上铁轭装配不良	绝缘电阻不符	油道绝缘电阻通路	
	器身压紧装配不良	器身轴向紧固方法为压钉结构，未采用技术协议要求的弹簧压钉	器身轴向紧固方法为压钉结构，未采用技术协议要求的弹簧压钉	结构设计未按技术协议进行
	器身压紧装配不良	器身压钉不紧固	器身压钉不紧固	操作不到位
	分接开关装配不良	均压罩不良	均压罩变形	操作不当，有外力损伤
	分接开关装配不良	受引线的牵拉力	引线连接使开关受力过大，有倾斜甚至造成开关转动不灵	引线装配不良
	分接开关装配不良	分接开关和引线连接不紧固	接线螺栓紧固不牢，引线松动	操作不到位

工序名称	质量问题归类	质量问题描述	质量问题及现象	具体原因
器身装配	引线制作和装配工艺不良	与引线间的绝缘距离不符	引线和其他部件及引线之间,引线到箱壁距离不符合工艺要求	设计缺陷
	引线制作和装配工艺不良	引线绝缘包扎不紧实	绝缘包扎后引线松软不实	工艺缺陷,包绕时操作不当
	引线制作和装配工艺不良	引线局部包扎不规范、不够紧固、断裂	引线包扎绝缘后,表面不均匀	操作人员责任心不强
	引线制作和装配工艺不良	引线包扎后绝缘部分断裂	包好的引线,绝缘出现断裂缝隙	过度弯折,存放不当
	引线制作和装配工艺不良	引线电缆及铜排焊接不饱满	导线焊口处焊料不饱满,有空洞和缺口	焊接器具不良,焊工技能不熟
	引线制作和装配工艺不良	引线排列不齐	引线装配后,表面不均匀,排列不整齐	操作不到位
	引线制作和装配工艺不良	引线支架互相碰撞,夹持不牢固,致使引线松散	引线夹持不牢固,无法有效使引线定位	设计缺陷
	引线制作和装配工艺不良	引线支架开裂	引线纵向有裂缝	层压木支架为材质问题,层压纸板可能是生产工艺问题
	引线制作和装配工艺不良	冷压时,套管内填充不充实	冷压前,管内没有充分填实	操作不当
	引线制作和装配工艺不良	冷压后,套管开裂	冷压后,套管出现裂缝	操作不当,过度挤压或压膜不匹配
	引线制作和装配工艺不良	引线屏蔽厚度不符合	冷压接完成后,做屏蔽时不充实,表面不光滑,外表尺寸不合要求	操作不当
	引线制作和装配工艺不良	屏蔽包扎松散、不紧实、不规整、有破损	绝缘松弛,具有破损与局部缺陷	操作不当
	半成品试验不合格	直流电阻不合格	器身装配完成后测量各线圈直径,三相电阻不平衡或阻值过大	导线材质不良,三相线圈选用材质不同
	半成品试验不合格	变比不合格	器身半成品三相变比超差	线圈绕制匝数有误

工序名称	质量问题归类	质量问题描述	质量问题及现象	具体原因
器身装配	半成品试验不合格	低电压空载不合格	器身半成品低电压空载试验时电流过大	铁芯局部有缺陷
	半成品试验不合格	低电压空载不合格	器身半成品低电压空载试验时电流过大	线圈局部有缺陷（匝间短路）
	箱内电流互感器校验不合格	低电压空载不合格	极性不符合	接线有误或选用错误或本身质量不合格
	箱内电流互感器校验不合格	低电压空载不合格	变比不合格	接线有误或选用错误或本身质量不合格
	预装配不符	绝缘距离不符	部分区域引线到相邻部位的距离不够	设计有误
	预装配不符	绝缘距离不符	部分区域引线到相邻部位的距离不够	操作不当
	预装配不符	某些部位互相干涉	一些部件有磕碰现象	设计有误
	上铁轭装配工艺不良	油道绝缘电阻不符	铁芯接地电流超标，导致色谱异常；铁芯局部过热，严重时烧毁	油道存在异物
	引线制作和装配工艺不良	引线绝缘包扎不紧实	绕组泄漏电流增大，绝缘电阻下降	绕组及引线对地绝缘损坏
	引线制作和装配工艺不良	夹持不牢固，引线松动	绕组泄漏电流增大，绝缘电阻下降	绝缘支架绝缘损坏，造成绕组对地绝缘损坏
	绝缘电阻不良	铁芯接地不良	局部放电、色谱异常	铁芯接地外引线断开或接地不可靠
	绝缘电阻不良	铁芯接地不良	局部放电、色谱异常	铁芯接地套管头断裂
	绝缘电阻不良	铁芯接地不良	局部放电、色谱异常	铁芯接地片断裂或插入深度不够，连接不可靠
	绝缘电阻不良	夹件接地不良	局部放电、色谱异常	夹件接地外引线断开或接地不可靠
	绝缘电阻不良	夹件接地不良	局部放电、色谱异常	夹件接地套管头断裂，连接不可靠

器身装配（某市电力公司附件要求）如表3-8所示。

表3-8　器身装配

序号	见证项目		见证内容	见证方式	见证方法	见证要点	补充监造要求及监造资料留存方式
6	引线制作和装配	6.1	引线支架及绝缘件配置	W	对照设计图纸；查看实物	要求：经检验合格，且实物无损伤、开裂和变形	①照片记录各线圈出线、引线的包扎工艺、路径、绝缘距离等，检查是否满足设计要求(制造商允许的情况下留存设计文件与厂内质检记录)；②照片记录引线夹持件装配力矩，检查是否满足工艺要求
		6.2	引线连接（焊接）	W	对照工艺要求；现场观察实际操作	要求：焊接要有一定的搭接面积（依工艺文件）；焊面饱满，表面处理后无氧化皮、尖角毛刺	
		6.3	引线连接（冷压接）	W	对照工艺要求；现场观察实际操作	要求：① 冷压接装置配套完整，所用压接套筒规格和规范要求一致；② 冷压时套管内填充严密。提示：必要时查看制造厂所做最新冷压接头的理化试验报告	

3.5　器身干燥、总装配

1.器身干燥

器身干燥是指使变压器绝缘材料中的水分含量减少至符合工艺要求，控制要素包括温度、真空度、时间、出水率。

2.总装配

根据《做好变压器、组合电器监造工作的通知》，在220kV及以上变压器进行总装配时，应提前7天通知项目单位进行现场见证。

根据《国家电网公司十八项电网重大反事故措施》相关要求，在进行总装配时，应重点关注以下事项：油灭弧有载分接开关应选用油流速动继电器，不应采用具有气体报警（轻瓦斯）功能的气体继电器；真空灭弧有载分接开关应选用具有油流速动、气体报警（轻瓦斯）功能的气体继电器；新安装的真空灭弧有载分接开关，宜选用具有集气盒的气体继电器；220kV及以上变压器本体应采用双浮球并带挡板结构的气体继电器；户外布置变压器的气体继电器、油流速动继电器、温度计、油位表应加装防雨罩，并加强与其相连的二次电缆结合部的防雨措施，二次电缆应采取防止雨水顺电缆倒灌的措施（如反水弯）；新购有载分接开关的选择开关应有机械限位功能，束缚电阻应采用常接方式；新投或检修后的有载分接开关，应对切换程序与时间进行测试；当开关动作次数或运行时间达到生产厂家规定值时，应按照生产厂家的检修规程进行检修；110kV及以上电压等级变压器套管接线端子（抱箍线夹）应采用T2纯铜材质热挤压成型；禁止采用黄铜材质或铸造成型的抱箍线夹；套管均压环应采用单独的紧固螺栓，禁止紧固螺栓与密封螺栓共用，禁止密封螺栓上、下两道密封共用；新采购油纸电容套管在最低环境温度下不应出现负压；生产厂家应明确套管最大取油量，避免因取油样而造成负压；运行巡视应检查并记录套管油位情况，当油位异常时，应进行红外精确测温，确认套管油位；当套管渗漏油时，应立即处理，防止内部受潮损坏。

在器身干燥后，进行总装配，具体包括器身及组部件的压紧、垫块的松紧、螺栓的紧固，引线绝缘检查、器身和油箱的清理、组部件的安装，这都是监造人员需要重点关注的生产环节。在进行总装配时，应重点检查接地是否良好、拆除接地片后绝缘电阻是否符合工艺要求、夹件对地绝缘电阻是否符合工艺要求、金属紧固件是否松动、胶木螺栓是否紧固、器身和油箱内附件清洁度是否符合要求、开关安装位置是否合理、器身和油箱是否存在金属和非金属异物、温度和湿度及时间是否符合工艺要求等。在总装配完成后，真空注油应严格按工艺执行。

总装配工序问题汇总及原因分析如表3-9所示。

表3-9　总装配工序问题汇总及原因分析

工序名称	质量问题归类	质量问题描述	质量问题及现象	具体原因
总装配	设计	电磁设计	套管均压球间隙太小	设计时考虑不周
	设计	外形布置	升高座与互感器安装尺寸不匹配	设计时考虑不周
	设计	外形布置	检修爬梯位置设计不合理	设计时考虑不周
	设计	设计遗漏	本体上未设计上部油样阀	设计时考虑不周
	设计	设计遗漏	缺少等电位连接线	设计时考虑不周
	绝缘油	供应商不符	钢材供应商与技术协议不符	未按技术协议采购
	绝缘油	规格/型号不符	规格/型号不符	入厂检验不到位
	绝缘油	表观质量不符	有悬浮物	入厂检验不到位

工序名称	质量问题归类	质量问题描述	质量问题及现象	具体原因
总装配	绝缘油	性能参数不符	微水超标	入厂检验不到位
	绝缘油	性能参数不符	色谱分析不合格	入厂检验不到位
	绝缘油	性能参数不符	介质损耗超标	入厂检验不到位
	绝缘油	性能参数不符	击穿电压过小	入厂检验不到位
	分接开关	供应商不符	钢材供应商与技术协议不符	未按技术协议采购
	分接开关	规格/型号不符	规格/型号不符	入厂检验不到位
	分接开关	表观质量不符	损伤	入厂检验不到位
	分接开关	性能参数不符	动作程序检查不符	入厂检验不到位
	分接开关	性能参数不符	切换过程波形不符	入厂检验不到位
	分接开关	性能参数不符	接触电阻不符合要求	入厂检验不到位
	储油柜	供应商不符	钢材供应商与技术协议不符	未按技术协议采购
	储油柜	规格/型号不符	型号不符	入厂检验不到位
	储油柜	规格/型号不符	尺寸不符	入厂检验不到位
	储油柜	表观质量不符	损伤	入厂检验不到位
	储油柜	表观质量不符	漆膜颜色不符	未按技术协议采购
	储油柜	表观质量不符	胶囊破损	入厂检验不到位
	储油柜	性能参数不符	密封试验不符	入厂检验不到位
	储油柜胶囊	供应商不符	钢材供应商与技术协议不符	未按技术协议采购
	储油柜胶囊	规格/型号不符	规格/型号不符	入厂检验不到位
	储油柜胶囊	表观质量不符	破损	入厂检验不到位
	储油柜胶囊	性能参数不符	性能参数不符	入厂检验不到位
	阀门	供应商不符	钢材供应商与技术协议不符	未按技术协议采购
	阀门	规格/型号不符	规格/型号不符	未按技术协议、图纸采购
	阀门	表观质量不符	表观质量不符	入厂检验不到位
	阀门	性能参数不符	性能参数不符	入厂检验不到位
	吸湿器	供应商不符	钢材供应商与技术协议不符	未按技术协议采购
	吸湿器	规格/型号不符	规格/型号不符	未按技术协议、图纸采购

续表

工序名称	质量问题归类	质量问题描述	质量问题及现象	具体原因
总装配	吸湿器	表观质量不符	表观质量不符	入厂检验不到位
	吸湿器	性能参数不符	性能参数不符	入厂检验不到位
	散热器	供应商不符	钢材供应商与技术协议不符	未按技术协议采购
	散热器	规格／型号不符	规格／型号不符	未按技术协议、图纸采购
	散热器	表观质量不符	尺寸误差过大	入厂检验不到位
	散热器	表观质量不符	磕碰变形	入厂检验不到位
	散热器	表观质量不符	渗漏油	入厂检验不到位
	散热器	性能参数不符	性能参数不符	入厂检验不到位
	端子箱	供应商不符	钢材供应商与技术协议不符	未按技术协议采购
	端子箱	规格／型号不符	规格／型号不符	未按技术协议、图纸采购
	端子箱	表观质量不符	表观质量不符	入厂检验不到位
	端子箱	性能参数不符	性能参数不符	入厂检验不到位
	分接开关装配不良	传动杆无保护罩	传动杆未安装保护罩	操作人员责任心不强
	分接开关装配不良	防雨罩未安装固定	齿轮盒未安装防雨罩	操作人员责任心不强，设计未要求
	分接开关装配不良	传动杆装配位置倾斜量大	传动杆转动时声音大且目测传动杆不横平竖直	安装时未进行合适的调整
	分接开关装配不良	传动杆装配位置倾斜量大	操作旋转轴卡滞	安装不当
	分接开关装配不良	传动杆装配位置倾斜量大	挡位与标识不符	挡位标识盘错位
	分接开关装配不良	传动杆装配位置倾斜量大	触头接触不良	装配、安装不当
	套管装配不良	接线端子表面不良	接线端表面有污渍，不光滑	安装时受到碰撞及防护不当
	套管装配不良	套管导电杆安装不牢固	套管导电杆松动脱落	操作人员责任心不强
	套管装配不良	接线端子紧固不符	端子紧固螺栓无弹簧垫	安装工艺执行不到位

续表

工序名称	质量问题归类	质量问题描述	质量问题及现象	具体原因
总装配	套管装配不良	套管引线绝缘破损	均压环处引线绝缘破损	套管装配时强拉硬拽，导致绝缘破损
	套管装配不良	套管末屏不紧固	套管末屏接地螺栓松动	套管末屏接地装置未安装到位
	气体继电器装配不良	在安装中法兰处有裂痕	法兰处有裂痕	操作人员野蛮施工
	气体继电器装配不良	侧面未使用电缆孔未进行封堵	侧面电缆孔裸露	操作人员责任心不强，设计未要求
	气体继电器装配不良	防雨罩内的接线盒被外支架挡住	支架与接线盒干涉无法装配	设计考虑不周，或装配误差
	气体继电器装配不良	未安装不锈钢防雨罩	无防雨罩	操作人员责任心不强，设计未要求
	散热器装配不良	散热器间距不符	温升不符	散热效率不符合要求
	端子箱不良	接线连接较凌乱，排列不整齐	接线连接较凌乱，排列不整齐	未按图纸要求作业，缺少经验
	端子箱不良	未使用接地铜线连接	缺少接地铜线	操作人员责任心不强，设计未要求
	端子箱不良	加热器安装错误	加热器安装的方向错误	未按图纸要求作业
	端子箱不良	未安装防烫罩	没有防烫罩	未按图纸要求作业，缺少经验
	联管	安装后有扭曲受力现象	安装后联管扭曲受力	装配误差
	联管	装配螺栓不够紧固	联管连接处晃动	操作人员责任心不强
	联管	长度不符	联管无法装配	联管制作错误
	升高座	升高座与其连通管法兰位置偏心	无法装配	加工尺寸不符
	绝缘电阻	绝缘电阻不符合要求	铁芯对地绝缘电阻不符	绝缘材料不符合要求或有导体搭接
	绝缘电阻	绝缘电阻不符合要求	夹件对地绝缘电阻不符	绝缘材料不符合要求或有导体搭接

续表

工序名称	质量问题归类	质量问题描述	质量问题及现象	具体原因
总装配	绝缘电阻	绝缘电阻不符合要求	铁芯对夹件绝缘电阻不符	绝缘材料不符合要求或有导体搭接
	绝缘电阻	绝缘电阻不符合要求	油箱屏蔽绝缘电阻不符	绝缘材料不符合要求或有导体搭接
	真空注油不符	真空度不符	真空度过低	未按工艺要求执行或设备有缺陷
	真空注油不符	注油速度不符	注油速度过快	注油速度控制不良
	真空注油不符	油温不符	油温过低	加热控制不良或设备缺陷
	热油循环不符	真空度不符	真空度过低	未按工艺要求执行或设备有缺陷
	热油循环不符	注油速度不符	注油速度过快	注油速度控制不良
	热油循环不符	滤油机出口油温不符	油温过低	加热控制不良或设备缺陷
	热油循环不符	循环注油位置不符	热油循环不充分	进出油管位置不符合要求
	热油循环不符	时间不符	循环时间不足	未严格执行工艺要求
	装配问题	密封件接口位置放置不符	接口位置与受压方向垂直会造成接口开裂	操作人员责任心不强
	装配问题	密封时间不符		未按工艺要求作业
	装配问题	变压器各种组、附件、所有管路、升高座在厂内未作一次全组装	未按工艺要求全部组装	操作人员责任心不强
	气体继装配电器不良	侧面未使用电缆孔未进行封堵	回路绝缘不合格导致短路	密封失效，潮气入侵
	气体继装配电器不良	安装方向错误，内部绑扎带未取掉	变压器故障时瓦斯保护拒动	由于安装失误造成瓦斯继电器失效
	气体继装配电器不良	连接导油管与瓦斯口径过小，整定值过小	瓦斯保护误动	保护定值整定选择有误
	散热器装配不良	散热器开裂、脱焊、本身密封橡皮损伤	漏油	散热器制造工艺不符

对于总装配，某市电力公司在《监造作业规范》中无附加要求，在此不再将总装配内容表格列入。

3.6 出厂试验

产品出厂试验前，被试产品铁芯、夹件及外壳必须可靠接地。试品的油面指示必须高于穿缆式套管或套管升高座。在试验前，应对所有与主体油连通的套管放气，对低压接线板、手孔盖板、升高座、有载开关等所有凸起部分放气，直到流油为止；检查各电容套管末屏是否接地、套管是否有损伤、变压器本体是否充满油、主连气管到油枕的蝶阀是否打开、油枕呼吸系统是否畅通。将套管电流互感器接线柱短接接地。插上油面温度计，半小时后观察油面温度，在10～40℃的环境下进行如下试验。

1. 电压比测量和连接组标号检定（试验）

电压比测量所使用的仪器的精度和灵敏度均不应低于0.2%，调节好产品分接开关，用电压比电桥测量其原理和接线图如图3-1和图3-2所示。

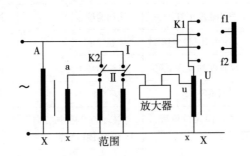

K1—误差极性转换开关；K2—范围开关

图 3-1　电压比测量原理图

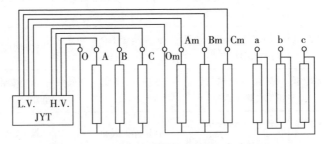

图 3-2　电压比测量接线图（以高压—中压为例）

关于电压比测量中计算的比值，应按各分接的铭牌电压计算。测量应分别在各分接位置上进行，同时测量变压器连接组标号，额定分接变压比误差在 ±0.5% 范围内，其他分接变压的误差不得超过 ±1%。

有载开关在变压比测量时，使用电动操作。矢量关系应符合铭牌数据。试验时应注意接线是否正确、接触是否良好。三绕组变压器测量高压—中压、高压—低压、中压—低压间各个分接的变压比，双绕组变压器测量高压—低压间各个分接的变压比。在工序过程中半成品（插铁后、器身试验）经常遇到再变比试验中会出现异常，如发生变比超差和无法测量等问题，应首先检查试验接线是否正确、试验仪器是否正常。对线圈出现短路环时应特别注意，不应使仪器长时间经受大电流冲击，防止仪器损坏。当变比误差超过标准误差时，应排除测量接线盒仪器原因，根据线圈匝数和误差百分数，判断其线圈多匝或少匝。在必要时，可以正串或反串临时匝来确定错匝数。有时虽然变比测量误差不超标，但如果三相平衡度相差较大，也应查明引起误差的确切原因。判断误差较大的线圈，错匝的多少和错匝的部位。尤其对角线绕组，当出现三相变比不平衡时，应调查原因并进行整改。因为角接线时变比不平衡将使绕组内部出现环流，使绕组的损耗增加而发热。对带并联支路的变压器，当变比出现三相不平衡时，应进行等匝试验。判断并联支路是否平衡，上半段与下半段应相等。如果不相等，变压器运行时将会在上下段绕组内部出现环流，使绕组损耗增大而发热，严重时会使线圈烧坏。

变比试验是常见问题，无励磁调压变压器经常发现的问题有开关的挡位与开关指示的位置不一致，变比测量时误差将会很大。有时虽然开关指示在挡位上，但开关内部触头未接通，会导致变比无法测量。变比测量时转动开关，测量的变比无变化，内部开关与外部操作杆未连接好，开关操作时指示虽转动，但开关不转动。

2. 绕阻直流电阻测量试验

变压器各绕组的电阻应分别在各绕组的线端上测量：当三相变压器绕组为无中性点引出时，应测量其线电阻；有中性点引出时，应测量其相电阻。带有分接的绕组，应在所有分接下测量其绕组电阻。绕组电阻测量时，必须准确记录绕组温度。

判断论据：电阻不平衡率要求：相<2%，线<1%。

$$电阻平衡率 K = (R_{最大} - R_{最小})/R_{平均}$$

测量仪器：精度≥0.2级的JYR-40E直流电阻测量仪。

（1）在工序过程中（器身试验）经常遇到以下问题。

①设计时低压引线电阻不平衡：引线占线圈直阻的不平衡，引线占线圈电阻多比重很大，使线圈不平衡率超差。

②低压引线使用的铜排电阻率不合格：铜排电阻越大，引起三相直流电阻偏差越大。

③温度偏差影响。三相线圈温度偏差1℃，在常温下线圈误差将会增大接近0.4%，所以变压器刚焊接完后不要立即测量直流电阻。试验接线会引起误差，当测量线接触不好时，将出现较大的误差。特别是当电压端子接触不好时，误差将加大。

④高压不平衡率超差。引起高压不平衡率超差的原因有如下几个。

a. 一般是高压开关接触不良，即开关触头有氧化膜（应将开关触头清理后再进行测量）。

b. 高压线圈直流电阻不平衡，未按电阻大小套装线圈，或线圈相序已定好，不能改变，加上引线的影响，使线圈不平衡率超差。

c. 线圈及引线焊接不好，也是引起直流电阻不平衡的重要原因。关于此类问题的查找办法，是在测试过程中待直流电阻仪稳定后，用木槌敲击各个焊接点，当敲击到虚焊的部位时，直流电阻值将发生变化。

（2）出厂试验时经常遇到如下问题。

①有载变压器的有载开关烘烤后，产生氧化膜，使直流电阻不合格。有载开关反复操作500次左右一般能够好转，有时操作1000次左右才能好转。如果反复操作不能好转，须放油进行处理，将开关触头进行人工处理。

②无励磁开关也会出现开关触头氧化现象，处理方法同有载开关。另外，无励磁开关也经常出现开关装配不良。当开关外部位置正确，开关内部触头接触不良时，需重新装配调整，重新试验。

③引线铜头与高压套管接线排（佛手）接触不良。低压软连接与套管线板接触不良。

3. 绝缘特性测量试验

变压器外壳应良好接地，测量项目如表3-10所示。

表 3-10　测量项目

被测线圈	接地部位	R60/R15	R600/R60
低压	高压、中压、外壳	≥1.3	≥1.5
中压	高压、低压、外壳	≥1.3	≥1.5
高压	低压、中压、外壳	≥1.3	≥1.5
高压、中压	低压、外壳	≥1.3	≥1.5
高压、中压、低压	外壳	≥1.3	≥1.5

用 5000VMΩ 表（绝缘电阻测试仪）测量，记录好油平均温度和空气湿度。

（1）用 2500VMΩ 表分别测量铁芯（夹件绝缘电阻 ≥1000 MΩ）。

测量接线图如图 3-3 所示（以高压对地为例，试验时铁芯、夹件、油箱外壳均接地）。

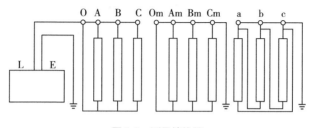

图 3-3　测量接线图

（2）介质损耗因数（$\tan\delta$）及电容测量。

当绕组温度不等于 21℃ 时，换算方法按 GB/T 6451—2015 的方法进行。

试验时，试验电源频率应为额定频率，其偏差不应大于 ±5%，电压波形应为正弦波形。仪器应接地良好，最好与被试品一起接地。加压线应绝缘良好，并悬起支撑好，使引线不影响测量结果。

关于变压器套管介质损耗测量，按套管试验技术要求，套管竖直立起 24 小时后，才能进行套管介损测量。有些厂家出现套管刚立起后测量介损结果超标，经过一段时间静放后，试验结果合格。在现场交接试验中，也多次出现过此类问题。

套管介损测量遇到问题相对比较多，尤其是在夏季湿度比较大时，经常出现介质损耗超过国家标准的现象，主要原因是套管表面潮湿或表面有灰尘，一般套管表面经过清洁和用电热风吹干后，试验结果都能合格。

套管介质损耗测量还要注意加压接线、末屏接线、接地线都必须可靠连接。如果接触不良，会出现介损偏大现象。

套管介质损耗测量还应注意：套管电容量测量值与出厂试验值进行比较时，电容量变化不应大于5%。某厂在套管试验中遇到过电容量变化很大的现象，原因是套管内末屏引线断开。

用介质损耗因数测量仪（介损电桥）反接法进行测量，并施加10kV电压。测量项目及结果如表3-11所示。

表 3-11　测量项目及结果

被测线圈	接地部位	$\tan\delta$（20℃，按协议）
低压	高压、中压、外壳	≤ 0.5%
中压	高压、低压、外壳	≤ 0.5%
高压	中压、低压、外壳	≤ 0.5%
高压、中压	低压、外壳	≤ 0.5%
高压、中压、低压	外壳	≤ 0.5%
逐相高压套管	中压、低压、外壳	≤ 0.4%

注：①记录好油平均温度。

②用反接法测量绕组间电容、介质损耗。

③用正接法测量套管电容、介质损耗。

介质损耗因数（$\tan\delta$）及电容测量原理图如图3-4所示。

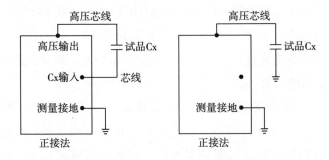

图 3-4　介质损耗因数（tanδ）及电容测量原理

4. 雷电冲击试验

冲击波由冲击电压发生器直接施加到被试线路端子上。

波形参数：1.2（1±30%）/50（1±21%）μs；试验电压幅值允许偏差±3%。分接开关位置：主分接和两个极限分接。试验顺序：一次降低电压

（50%）的负极性全波冲击；三次额定电压的负极性全波冲击；一次降低电压（50%）的负极性全波冲击。在线路中套管间隙处产生了外部闪络，或者在任何规定测量通道上的示波记录图失效，这一次冲击不应计入，并需要重新进行一次试验。在试验及校正时所得到的示波图或数字记录，应能清楚地表明施加电压的波形（波前时间、半峰值时间和峰值）。至少还要使用一个测量通道记录被试绕组流向大地中的中性点电流的示波图。

试验回路如图3-5所示。

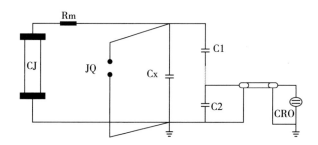

CJ—冲击电压发生器；JQ—截断装置；Cx—电抗器；C1、C2—分压器；CRO—数字测量仪；

Rm—调波电阻

图 3-5　试验回路

试验接线如图3-6所示。

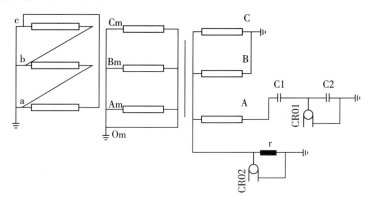

r—分流器；C1、C2—分压器；CR01—电压波测量；CR02—绕组电流测量

图 3-6　试验接线

变压器冲击试验常用的故障判断以波形比较为基础，该方法认为变压器在冲击电压作用下阻抗是线性电压。一般情况下是将不同电压的时域波形进行比较，如果波形发生畸变，则可判定绝缘发生故障。如果降低电压下记录的电压和电流波形图与全电压下记录的相应电压和电流波形图无明显差异，则试验合格。

如果由于绕组电感较小或对地电容较高，而使变压器不能达到标准冲击波形，并使冲击波形产生振荡以致冲击相对过冲幅值超过5%，则对于要进行雷电截波冲击试验的绕组，可以增加波前时间以减小过冲。对于$U_m \leqslant 800kV$的变压器，波前时间不应超过2.5μs，如果全波冲击试验水平相对过冲幅值超过5%，则应当按照GB/T 16927.1—2011，采用试验电压函数来确定试验电压值。当过冲值超过5%时，有两种处理方法：增加波前时间，但如果超过1.2（1+30%）μm，则需要进行截波高频试验；如果过冲幅值超过5%，且按照GB/T 16927.1—2011采用试验函数的振荡频率超过100kHz，则需增加冲击峰值电压。

5. 操作冲击试验

电力系统中的变压器在运行中除了承受正常运行的工频电压外，还会受到暂时过电压和操作过电压。对于$U_m \leqslant 170kV$的变压器外施耐压试验（AV）和感应耐压试验（IVW）来考核其耐受操作过电压和暂时过电压的能力。而对于170kV以上的产品，仅用AV和IVW来考核就显得不足了，为了模拟这种过电压作用下的绝缘承受能力，须对该类变压器进行操作冲击试验。

标准波形：波前时间$Tp \geqslant 100$μs，超过90%规定峰值电压的持续时间$Td \geqslant 200$μs；原点到第一个过零点的全部时间$Tz \geqslant 1000$μs。

试验电压：按GB/T 1094.3—2017，峰值（kV）±3%。

极性：负极性（减少试验线路中出现异常外部闪络的危险）。

波前时间：$Tp \geqslant 100$μs；超过90%规定峰值电压的持续时间$Td \geqslant 200$μs；原点到第一个过零点的全部时间$Tz \geqslant 1000$μs。

试验步骤如下。

① 一次50%～70%全电压的参考操作冲击（校准）。

② 三次100%全电压的操作冲击。

在每次全电压冲击前先进行足够的反极性磁冲击，以确保铁芯的磁化状态是相似的，从而使时间保持一致。如果在任意一次冲击下，在线路中或在套管间隙处产生了外部闪络，或者在任何规定测量通道上的示波记录图失效，则这次冲击不应计入，并且需要重新施加一次。

试验判据：在示波图记录中，没有指示出电压的突然下降，或电压、电流没有中断，则试验合格。由于磁饱和的影响，不同电压冲击下的示波图可能会有差异。

6. 外施工频耐压试验

全电压试验值应施加于被试绕组的所有连接在一起的端子与地之间，加压时间为60s。在试验时，其余绕组的所有端子、铁芯、夹件、油箱等连在一起接地。外施交流耐压电压试验应采用不低于80%的额定频率，波形尽可能接近正弦波的单项交流电压。应测量电压的峰值，试验电压值应是测量电压的峰值除以$\sqrt{2}$。

其原理线路如图3-7所示。

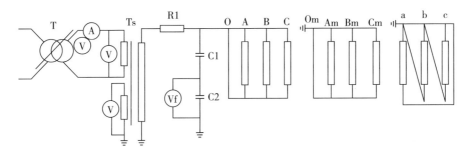

T—调压器；A—电流表；Ts—试验变压器（YDTW—1250/300）；V—电压表；Vf—峰值电压表；
C1—电容分压器主电容；C2—分压电容；Cx—试品

图 3-7　原理线路

操作方法：各个绕组分别首尾短接，被试绕组受电，非试绕组、外壳、铁芯等接地。

试验电压的波形近似正弦波，采用峰值表测量。

试验时注意事项：放气充分；CT二次短接接地；电容套管的末屏接地；补偿电感计算；试验应从不大于规定试验值的1/3的电压值开始，并与测量相配合，尽快增加到试验值，试验结束，应将电压迅速降低到试验值的1/3以下，然后切断电源。

试验判断：试验过程中，仪表指示稳定不变，被试变压器无异常声响，则可以判断试品通过外施耐压试验。如果试验过程中，仪表指示发生变化（电流表上升或者下降），或被试变压器内部有声响，则说明变压器内部有问题，未能通过试验。在试验过程中，若仪表指示无明显变化，但被试变压器内部有清脆的"炒豆声"，如果重复试验声响能消失，可能是油中的气泡放电。在重复试验时，异常声响有变化但不消失，则不能排除试品内部某些部位因场强过高而造成油中局部放电或者悬浮的金属件对地放电，但未形成贯穿性放电。在试验中，若有很大且清脆的"当当"声，仪表指示变动较大，而在重复试验时，声响和仪表指示情况相同，放电电压没有明显变化，则可判断为电极对油箱或金属件由于距离不够而引起的贯通性放电。在试验中，若发生"吱吱"等拖长时间的声响，且仪表变化不明显，表明变压器内部有围屏爬电故障；若发生沉闷的放电声，且仪表指示有较大的变化，可以判断变压器器身内部有放电或者击穿。在试验时，若发生上述现象，应要求供应商取油样进行分析。

7. 线端交流耐压试验（LTAC）

线端交流耐压试验（LTAC）原理图如图3-8所示。

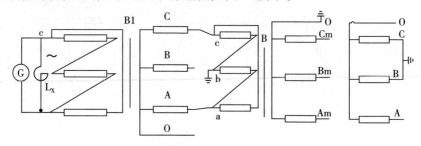

G—高频发电机；L_X—补偿电抗器；B1—中间试验变压器；B—试品

图3-8　线端交流耐压试验原理图

1）试验前的准备

被试品铁芯、夹件引出接线端子应可靠接地。

被试品油箱应可靠接地。

对装有放气塞的套管升高座、低压接线盒、穿缆式套管及有载分接开关均应放气，直到溢油为止。

2）试验的一般要求

本试验的目的是考核分级绝缘绕组每个线端对地的耐压试验，而不以相间和匝间的电压试验为目的。该项试验是对操作冲击试验的有效补充。

对于带分接绕组的变压器，应选择合适的分接，使被试绕组产生所要求的电压，其他绕组端子出现的电压尽可能接近所要求的试验电压值。

受试验设备和产品结构限制时，较低电压绕组端子承受的试验电压不应比规定电压低8%。

如无其他规定，分接位置和感应倍数由制造方确定。电压的波形应接近正弦波。在试验中，电压的峰值与方均根值都应测量。

试验电压应在最高电压端子上测量，如果不可行（如受外绝缘距离和高压绝缘系统绝缘限制），则应在与电源相连的端子上测量。可以在50%～80%的试验电压下进行校正，同时记录被试品励磁侧的试验电压，外推出最高电压端子在

100%试验电压时的被试品励磁侧的试验电压。在甩掉高压测量系统后，可以采用外推的被试品励磁侧的试验电压对被试品施加试验电压。

试验电压的允许偏差为±1%。

3）施加电压的程序和方法

除非另有规定，当试验电压的频率等于或小于2倍额定频率时，试验时间为120×额定频率/试验频率（s），但不少于15s。

试验应在不大于规定电压的1/3电压下接通电源，并与测量相配合，尽快升至试验电压值。施加电压达到规定时间后，应将电压迅速降至试验电压1/3下，然后切断电源。

4）结果和判定

如果试验电压不出现突然下降，则试验合格。

8. 带有局部放电量感应耐压试验（IVPD）

此试验与局部放电试验相间试验，电压为相对地（1.8×Ur）/$\sqrt{3}$ kV，局放测量电压（1.58×Ur）/$\sqrt{3}$ kV局放量小于100pC，IVW相对地电压（2×Ur）/$\sqrt{3}$ kV。

以下电压仅指相对值，如图3-9所示。

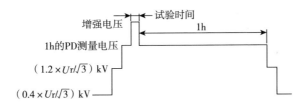

图3-9 施加对地试验电压的时间顺序

电压应为如下。

①在不大于（0.4×Ur）/$\sqrt{3}$ kV的电压下接通电源。

②上升到（0.4×Ur）/$\sqrt{3}$ kV，进行背景PD测量并记录。

③上升到（1.2×Ur）/$\sqrt{3}$ kV，保持至少1分钟以进行稳定的PD测量。测量并记录PD水平。

④试验电压上升至1h的PD测量电压，电压为相对地（1.58×Ur）/$\sqrt{3}$ kV，保持至少5分钟以进行稳定的PD测量。测量并记录PD水平。

⑤增强电压上升至（1.8×Ur）/$\sqrt{3}$ kV，保持120×额定频率/试验频率（s），但不少于15s。

⑥之后立刻不间断地降低到1小时的PD测量电压；测量并记录PD水平。

⑦保持PD测量电压至少1小时，并进行PD测量。

⑧在1小时内每隔5分钟测量并记录PD水平。

⑨1小时的PD测量最后一次完毕后，降低电压至 $(1.2 \times U\mathrm{r}) / \sqrt{3}$ kV，保持至少1分钟以进行稳定的PD测量。

⑩测量并记录PD水平。

⑪试验电压降到 $(0.4 \times U\mathrm{r}) / \sqrt{3}$ kV，进行背景PD测量并记录。

⑫试验电压降到 $(0.4 \times U\mathrm{r}) / \sqrt{3}$ kV以下；方可切断电源。

在试验期间，应记录任何明显的PD起始电压和局部放电熄灭电压，以利于在不满足试验要求情况下评估试验结果。

1）试验前的准备

被试品铁芯、夹件引出接线端子应可靠接地；被试品油箱应可靠接地；对装有放气塞的套管升高座、低压接线盒、穿缆式套管及有载分接开关，均应放气，直到溢油为止。

2）试验的一般要求

中性点和其他正常运行情况下处于地电位的端子应接地。

三相变压器使用三相对称电压加压。任何不与试验电源相连的线路端子应开路。带分接的绕组，除非特别指定或由用户同意，一般在主分接进行。

为了避免由于容升电压和电压波形畸变而影响试验电压，试验电压应在最高电压端子上测量，如果不可行，则应在与电源相连的端子上测量。可以在50%～80%的试验电压下进行校正，同时记录被试品励磁侧的试验电压，外推出最高电压端子在100%试验电压时的被试品励磁侧的试验电压。在甩掉高压测量系统后进行局部放电测量时，可以采用外推的被试品励磁侧的试验电压对被试品施加试验电压。

电压的波形应接近正弦波，试验中电压的峰值与方均根值都应测量，取峰值除以 $\sqrt{2}$ 与方均根值两者间的较小值作为试验电压值：试验时间在60s以内的试验电压的允许偏差为±1%；如果试验持续时间超过60s，则在整个试验过程中试验电压的测量值应保持在规定电压的±3%以内。

3）局部放电测量方法

在局部放电测量前，应对包括套管和电容耦合器在内的每个PD测量通道按照视在电荷法（pC）进行校正。PD测量结果用pC给出，应参考测量仪器指示的最高稳态重复脉冲而得出（偶然出现的高幅值局部放电脉冲可以不计入）。

4）结果和判定

在试验开始和结束时测得的PD背景噪声均没有超过50pC时，试验方有效。

如果满足下列要求，则试验合格。

①试验电压不产生突然下降。

②在1小时局部放电试验期间，没有超过100pC的局部放电记录。

③在1小时局部放电试验期间，局部放电水平无上升趋势；在最后20分钟局放水平无突然持续增加。

④在1小时局部放电试验期间，局部放电水平的增加量不超过50pC。

⑤1小时局部放电测量后电压降至（$1.2 \times Ur$）/$\sqrt{3}$ kV时，测量的局部放电水平不超过100pC。

如果判据③或④不满足，可以延长1小时测量时间，如果在后续的连续1小时内满足上述条件，则可以认为合格。本试验用来验证变压器在运行条件下无局部放电，是在瞬变过电压和连续运行电压下的质量控制试验。在订货时，由制造单位与用户协商确定。

试验原理图如图3-10所示。

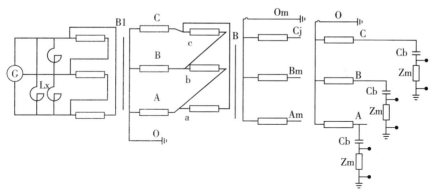

G—高频发电机；L_x—补偿电抗器；B1—中间试验变压器；B—试品；Cb—变压器套管电容；

Zm—测量阻抗

图 3-10　试验原理图

9. 空载损耗和空载电流测量试验

从低压侧施加额定频率的额定电压，以中性点接地，其余绕组开路是为测量其空载损耗、空载电流。空载损耗及空载电流的测量，应从试品各绕组中的一侧绕组（一般为低压绕组）线端供给额定频率的额定电压（应尽可能为对称的正弦波电压），其余绕组开路；如果施加电压的绕组带有分接，则应使分接开关处于主分接的位置；如果试品绕组中有开口三角形连接绕组，应使其闭合。至于运行中的地电位处和油箱或外壳，应可靠接地。

测量时，变压器的温度应接近试验时的环境温度。

空载试验时，所用电流及电压互感器的精度应不低于0.2级，所用仪表的精度应不低于0.5级，功率测量应采用小于0.2级低功率因数的功率表。空载试验的测量方法可以用电压表、电流表和功率表进行测量，也可以用功率分析仪进行测量。一般使用功率分析仪测量准确度较高，因为仪器本身的精确度较高，可以准确地依据平均值电压采集数据，避免因仪器指针晃动、使用人员读数等引起的随机误差。功率分析仪接线方法可依照仪器使用说明书进行。

通过试验，要验证10%～115%额定电压下的空载损耗和空载电流测量是否符合合同和技术协议书的要求，并可检查和发现变压器制造过程中变压器磁路可能存在的局部或整体缺陷，还可发现在变比试验中不易发现的可能存在的绕组匝间短路。空载试验作为一种检测手段，在变压器制造过程中和出厂试验过程中要多次进行。关于变压器半成品空载试验（低电压），能确认变压器磁路、绕组及接线无明显缺陷。出厂试验中，要在绝缘强度试验前后进行一次空载试验，比较试验前后数据，以发现可能的故障和缺陷。关于绝缘强度试验前的空载试验，还要在10%～115%额定电压下测变压器伏安特性。

所用试验设备如下：7500kVA工频发电机组、8000kVA中间变压器、WT-3000功率分析仪。

试验接线图如图3-11所示。

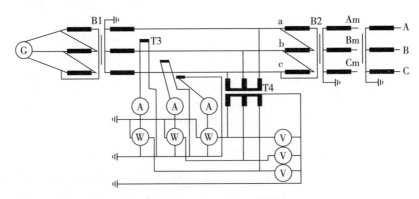

G—工频发电机组；B1—中间试验变压器；B—试品；T3—电流互感器；T4—电压互感器；A—电流表；
V—电压表；W—瓦特表

图3-11　试验接线图

10. 声级测量试验

试验在变压器额定频率、额定电压空载运行状态下，用声压法进行测量。分接开关处于主分接位置，试验程序如下。

（1）关于背景噪声测量，在产品噪声测量之前和测量之后，立即进行，并记录声级计读数：若背景噪声与设备噪声相差超过10dB，测量1点即可；若小于10dB，必须在设备噪声测量位置测量10点。

（2）冷却器全停，距离油箱基准发射面0.3m，在油箱的1/3、2/3高度处进行测量（测量是以近似相等的间隔均匀分布在轮廓线上，间隔距离不大于1m），噪声水平不大于60dB。

11. 负载损耗和短路阻抗测量试验

1）试验一般要求

油浸式变压器的温度接近试验时的环境温度，测量顶层与底层油温度，其平均值作为绕组温度。

一对绕组的短路阻抗和负载损耗测量时，应在额定频率下，将电压施加到一个绕组上，另一绕组短路，其他绕组（如果有）开路。宜施加等于相应的额定电流（分接电流）的试验电流，但不应低于该电流的50%。试验应尽快进行，以减少温升引起的明显误差。顶层油与底部油的温差应足够小，以便准确得到油的平均温度。

负载损耗测量值应乘以额定电流（或分接电流）对试验电流之比的平方，得到的结果应校正到参考温度。I^2R（R为绕组直流电阻）损耗随绕组温度呈正向变化，而所有其他损耗与温度呈反向变化。

对于大容量、低电压变压器的负载试验（如双分裂变压器，低压1对低压2绕组的负载试验），当受试验设备能力限制时，在制造方和用户协商一致的情况下，可以根据试验能力降低试验电流。

对于分接范围不超过±5%的变压器，一般在主分接进行短路阻抗和负载损耗测量。

对于分接范围超过±5%的变压器，应对主分接、两个极限分接进行短路阻抗和负载损耗测量。在试验报告中，除提供主分接短路阻抗和负载损耗，还应提供两个极限分接短路阻抗。

对于分接范围不超过±5%，但容量超过2500kVA的变压器，如果产品进行温升试验，为了温升试验的目的，应对主分接、两个极限分接进行短路阻抗和负载损耗测量。如不进行温升试验，则对主分接进行短路阻抗和负载损耗测量。对于这类变压器在短路后的复试中，也仅在主分接进行短路阻抗和负载损耗测量。

负载试验施加的电流以三相负载电流的算术平均值为准。

2）测量仪器和精度

互感器的精度不低于0.2级（对于大型变压器推荐采用互感器的精度，不低于0.05级），所用仪表精度应不低于0.5级。

试验原理图如图3-12所示。

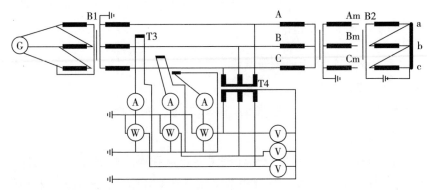

G—工频发电机组；B1—中间试验变压器；B—试品；T3—电流互感器；T4—电压互感器；A—电流表；

V—电压表；W—瓦特表

图 3-12　测试原理图

12. 三相变压器零序阻抗测量试验

测试项目如表3-12所示。

表 3-12　测试项目

供电端子	开路端子	短路端子
ABC-O	AmBmCm-Om	/
ABC-O	/	AmBmCm-Om
AmBmCm-Om	ABC-O	/
AmBmCm-Om	/	ABC-O

注：施加电流不超过线圈额定电流的1/3，但不能低于额定电流的1/4。

零序阻抗按下式计算

$$Zo=3U/I（欧/相）$$

式中　I—施加电流；

　　　U—实测电压。

试验原理图如图3-13所示。

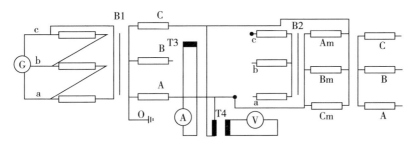

G—工频发电机；B1—中间变压器；B—试品；T3—电压互感器；T4—电流互感器；A—电流表；

V—电压表

图 3-13　试验原理图

13. 有载分接开关试验

在试验前，应检查有载开关的安装是否完好，检查是否按说明书中的规定接好电源线，检查操作控制电源相序的正确性。

操作试验如下。

（1）变压器不励磁，在额定操作电压下，分接开关完成8个完全操作循环。

（2）变压器不励磁，在85%的额定操作电压下，完成1个操作循环。

（3）变压器接入额定频率、额定电压空载试验时，分接开关完成1个操作循环。

（4）将变压器的一个绕组短路，并在尽可能达到变压器额定电流的情况下，在主分接两侧的±2级范围内，共完成10次分接变换。

（5）有载分接开关在以上试验过程中，应操作正常，无任何卡塞现象，则试验合格。

（6）提供切换过程开关参数。

（7）绝缘试验：操作回路，施加电压2kV（有效值），持续时间60s，则合格。

14. 冷却装置、有载开关等二次回路绝缘试验

（1）绝缘电阻不小于1 MΩ。

（2）二次回路应承受2kV、1分钟对地外施耐压试验。

15. 绕组变形测量试验

采用频响法测量，并提供绕组变形实测波形图。采用低电压阻抗法，极限

分接施加单相电源、电流5A提供单相阻抗值；额定分接施加不大于400V三相电源，测量产品在低电压下的短路阻抗。测量仪器：JYW6100变压器特性测试仪。

（1）典型的变压器绕组幅频响应特性曲线，通常包含多个明显的波峰和波谷。波峰或波谷分布位置及分布数量的变化，是分析变压器绕组变形的重要依据。

（2）幅频响应特性曲线低频段（1~100kHz）的波峰或波谷位置发生明显变化，通常预示着绕组的电感改变，可能存在匝间或相间短路的情况。频率较低时，绕组的对地电容及相间电容所形成的容抗较大，而感抗较小。如果绕组的电感发生变化，会导致其频响特性曲线低频部分的波峰或波谷位置发生明显移动。对于绝大多数变压器，其三相绕组低频段的幅频响应特性曲线应非常相似。如果存在差异，则应及时查明原因。

（3）幅频响应特性曲线中频段（100~600kHz）的波峰或波谷位置发生明显变化，通常预示着绕组发生扭曲和鼓包等局部变形现象。在该频率范围内的幅频响应特性曲线具有较多的波峰和波谷，能够灵敏地反映出绕组分布电感、电容的变化。

（4）幅频响应特性曲线高频段（>600kHz）的波峰或波谷位置发生明显变化，通常预示着绕组的对地电容改变，可能存在绕圈整体移位或引线位移等情况。当频率较高时，绕组的感抗较大、容抗较小，由于绕组的相间电容远大于对地电容，波峰和波谷分布位置，主要以对地电容的影响为主。但由于该频段易受测试引线的影响，且该类变形现象通常在中频段也会有较明显的反应，故一般不把高频段测试数据作为绕组变形分析的主要信息。

表3-13所示为相关系数R与变压器组变形程度的关系。

表 3-13 相关系数 R 与变压器组变形程度的关系（供参考）

绕组变形程度	相关系数 R
严重变形	$R_{LF} < 0.6$
明显变形	$1.0 > R_{LF} \geqslant 0.6$ 或 $R_{MF} < 0.6$
轻度变形	$2.0 > R_{LF} \geqslant 1.0$ 或 $0.6 \leqslant R_{MF} < 1.0$
正常绕组	$R_{LF} \geqslant 2.0$ 或 $R_{MF} \geqslant 1.0$ 和 $R_{HF} \geqslant 0.6$

注：① 在用于横向比较法时，被测变压器三相绕组的初始频响数据应较为一致，否则判断无效。

② R_{LF}为曲线在低频段（1~100kHz）内的相关系数。

③ R_{MF}为曲线在中频段（100~600kHz）内的相关系数。

④ R_{HF}为曲线在高频段（600~1000kHz）内的相关系数。

16. 绝缘油试验

油耐压试验：击穿电压≥45kV。介质损耗因数（90℃）≤0.5%。含水量≤20mg/L。乙炔0。在试验前后，要进行油气相色谱分析。

17. 温升试验

温升：变压器（类）产品中某一部位的温度与冷却介质温度之差。

试验目的：验证变压器的冷却能力，达到热平衡时，顶层油温升、绕组温升、绕组热点温升和外部结构件温升不能超过规定的数值。通过红外扫描、油色谱分析等，观测是否存在局部过热。

油浸变压器温升试验方法：场地宽敞，试品周围2～3m没有热源和外来辐射气流。

环境温度：10～40℃，入水口温度<25℃。

试品分接范围：最大损耗分接（对于容量2500kVA及以下、分接范围小于±5%，可在额定分接进行）。

（1）出厂试验问题汇总及分析如表3-14所示。

表3-14 出厂试验问题汇总及分析

试验名称	质量问题描述	质量问题及现象
绕组直流电阻测量	直流电阻离差超标	试验接线错误
绕组直流电阻测量	直流电阻离差超标	分接开关触头接触不良，档位不正确
绕组直流电阻测量	直流电阻离差超标	电磁线焊接（压接）工艺不良
绕组直流电阻测量	直流电阻离差超标	电磁线断头焊接不良
电压比测量	电压比超标	试验接线错误，变比计算错误
电压比测量	电压比超标	分接开关挡位不正确
电压比测量	电压比超标	线圈引线连接错误
电压比测量	电压比超标	线圈绕制错误
电压比测量	电压比超标	线圈股间、匝间、段间短路
电压比测量	电压比超标	试验仪表故障
连接组标号检定	连接组组别标号错误	线圈引线连接错误
绝缘电阻测量	绕组对地绝缘电阻	器身干燥工艺不良
绝缘电阻测量	绕组对地绝缘电阻	线圈对地短路
绝缘电阻测量	绕组对地绝缘电阻	线圈、套管表面污秽
绝缘电阻测量	铁芯对地（级间）绝缘电阻	铁芯绝缘不良

试验名称	质量问题描述	质量问题及现象
绝缘电阻测量	夹件对地绝缘电阻	夹件对地绝缘不良
绝缘电阻测量	夹件对地绝缘电阻	垫脚受潮
绝缘电阻测量	磁屏蔽对地绝缘电阻	磁屏蔽对地绝缘不良
绝缘例行试验 ACSD 耐压试验	绝缘击穿	线圈股间、匝间、段间绝缘不良
绝缘例行试验 ACSD 耐压试验	局部放电超标	设备静置时间不足
绝缘例行试验 ACSD 耐压试验	局部放电超标	地屏、磁屏蔽、均压环电位悬浮
绝缘例行试验 ACSD 耐压试验	局部放电超标	层压（木）绝缘纸板夹杂
绝缘例行试验 ACLD 耐压试验	绝缘击穿	线圈股间、匝间、段间绝缘不良
绝缘例行试验 ACLD 耐压试验	局部放电超标	地屏、磁屏蔽、均压环电位悬浮
绝缘例行试验 ACLD 耐压试验	局部放电超标	层压绝缘纸板夹杂
绝缘例行试验 ACLD 耐压试验	局部放电超标	油流带电
绝缘油试验电气绝缘试验	参数指标超差	处理不当
绝缘油试验、气相色谱试验	参数指标超差	滤油工艺缺陷设备质量缺陷
空载电流测量	空载电流测量超差	铁芯多点短路
空载电流测量	空载电流测量超差	矽钢片混片叠装
空载电流测量	空载电流测量超差	（励磁）线圈匝间短路
空载损耗测量	空载损耗超差	硅钢片质量缺陷
空载损耗测量	空载损耗超差	铁芯加工质量问题
短路阻抗测量	短路阻抗超差	设计缺陷、工艺未执行到位
负载损耗测量	负载损耗超差	电磁线材质不符
负载损耗测量	负载损耗超差	屏蔽处理不良
雷电冲击全波试验	绝缘击穿、放电	绝缘结构设计不合理、绝缘强度不足
雷电冲击截波试验	绝缘击穿、放电	绝缘结构设计不合理、绝缘强度不足
雷电冲击截波试验	绝缘击穿、放电	绝缘结构设计不合理、绝缘强度不足
雷电冲击全波试验	主绝缘击穿、匝绝缘击穿、屏线击穿悬浮放电	试验前静放时间不够
雷电冲击截波试验	主绝缘击穿、匝绝缘击穿、屏线击穿悬浮放电	绝缘件缺陷
雷电冲击操作波试验	主绝缘击穿、匝绝缘击穿、屏线击穿悬浮放电	绝缘不良等电位引线装配不良
温升试验	油面温升超差	散热不畅

续表

试验名称	质量问题描述	质量问题及现象
温升试验	油面温升超差	油道布置不合理
温升试验	油面温升超差	冷却装置设置不合理
温升试验	油面温升超差	屏蔽设置不合理
温升试验	油面温升超差	设计热计算有误
温升试验	线圈温升超差	散热不畅
温升试验	线圈温升超差	油道布置不合理
温升试验	线圈温升超差	冷却装置设置不合理
温升试验	线圈温升超差	屏蔽设置不合理
温升试验	线圈温升超差	设计热计算有误
温升试验	结构件过热	散热不畅
温升试验	结构件过热	油道布置不合理
温升试验	结构件过热	冷却装置设置不合理
温升试验	结构件过热	屏蔽设置不合理
温升试验	结构件过热	设计热计算有误
变压器密封试验	焊缝渗漏	焊接工艺缺陷
变压器密封试验	密封面渗漏	装配不良
油流带电试验	放电量超标	油道设计缺陷
油流带电试验	放电量超标	油泵选型不当，油路设计不当
油流带电试验	放电量超标	油品质量缺陷
绕组对地及绕组间介质损耗测定	介质损耗测量值超标	绝缘干燥不彻底
暂态电压传输特性试验	绝缘损坏	线圈绝缘缺陷
频率响应测量试验（FRA）	三相绕组波形差异大	线圈制作或套装缺陷
声级测量	声级测量超标	设计缺陷
声级测量	声级测量超标	硅钢片质量缺陷
声级测量	声级测量超标	铁芯制作缺陷
声级测量	声级测量超标	结构件固定不良
空载电流谐波测量	谐波测量异常	设计缺陷，矽钢片质量缺陷，叠装缺陷
风扇电机吸取功率的测量	实测功率超标	电机质量缺陷
油泵电机吸取功率的测量	实测功率超标	电机质量缺陷
短路承受能力测量	突发短路试验未通过	抗短路设计缺陷
短路承受能力测量	突发短路试验未通过	线圈装配缺陷
长时过电流试验	箱沿过热 温升异常	设计不当选材错误

（3）出厂试验（某公司附加要求）如表3-15所示。

表3-15　出厂试验

序号	见证项目	见证内容和方法		见证方式	见证依据	见证要点	补充监造要求及监造资料留存方式
1	空载试验	6.1	查看互感器、仪器	R	订货技术协议书、设计文件、出厂试验方案、GB/T 1094.1—2013、GB/T 6451—2015、JB/T 501—2021	要求：①电流互感器和电压互感器的精度不应低于0.05级，且量程合适；②应用高精度的功率分析仪	照片记录空载损耗试验额定电压、额定频率下原始数据
		6.2	观察测量空载电流和空载损耗	H		要求：①当有效值电压表与平均值电压表读数之差大于3%时，应商议确定试验的有效性；②怀疑有剩磁影响测量数据时，应要求退磁后复试；③读取1.0和1.1倍额定电压下空载电流和空载损耗值	
		6.3	观察测量伏安特性	W		要求：①通常在绝缘强度试验前进行；②施加的测试电压范围一般在10%～115%额定电压范围内	
		6.4	观察长时空载试验	W		要求：①通常在绝缘强度试验后进行；②施加1.1倍额定电压；③持续12小时；④读取长时空载试验前后1.0和1.1倍额定电压下空载电流和空载损耗值	
		6.5	试验数据对比	W		要求：绝缘强度试验前后和长时空载试验前后空载损耗、空载电流的实测值之间均不应有大的差别	
		6.6	观测电压电流的谐波	W		要求：在额定电压、额定频率下或技术协议值下测试	

序号	见证项目	见证内容和方法		见证方式	见证依据	见证要点	补充监造要求及监造资料留存方式
2	短路阻抗和负载损耗测量	7.1	查看互感器、仪器	W	订货技术协议书、设计文件、出厂试验方案、GB/T 1094.1—2013、GB/T 6451—2015、JB/T 501—2021	要求： 电流互感器和电压互感器的准确度不应低于0.05级，应用高精度的功率分析仪	照片记录负载损耗试验电流、损耗
		7.2	观察试品状态			提示： 主要指油位、温度	
		7.3	观察最大容量绕组对间主分接的短路阻抗和负载损耗测量	H		要求： ①应施加50%～100%的额定电流，三相变压器应以三相电流的算术平均值为基准； ②试验测量应迅速进行，避免绕组发热影响试验结果	
		7.4	观察其他绕组对间及其他分接的短路阻抗和负载损耗测量	W		提示： 容量不等的绕组对间施加电流以较小容量为准，短路阻抗则应换算到最大的额定容量	
		7.5	观察低电压小电流法测短路阻抗	W		提示： ①在额定分接用不大于400V的电压作三相测试，与铭牌值比； ②在最高分接和最低分接用不大于250V的电压作单相测试，三相互比	
3	操作冲击试验（SI）	8.1	查看试验装置、仪器及其接线，分压比	H	订货技术协议书、出厂试验方案、GB/T 1094.1—2013、GB/T 1094.3—2017、GB/T 1094.4—2016	提示： ①对照试验方案，做好现场记录； ②耐受电压按具有最高 U_m 值的绕组确定； ③其他绕组上的试验电压值尽可能接近其耐受值，相间电压不应超过相耐压值的1.5倍	照片记录50%与100%冲击电压波形
		8.2	观察冲击波形及电压峰值			要求： 波前时间一般应不小于100μs，超过90%规定峰值时间至少为200μs，从原点到第一个过零点时间应为500μs～1000μs	

续表

序号	见证项目	见证内容和方法	见证方式	见证依据	见证要点	补充监造要求及监造资料留存方式
3	操作冲击试验（SI）	8.3 观察冲击过程及次序	H	订货技术协议书、出厂试验方案、GB/T 1094.1—2013、GB/T 1094.3—2017、GB/T 1094.4—2016	要求： 试验顺序为一次降低试验电压水平（50%～75%）的负极性冲击、三次额定冲击电压的负极性冲击，每次冲击前应先施加幅值约50%的正极性冲击以产生反极性剩磁	照片记录50%与100%冲击电压波形
		8.4 试验结果初步判定			提示： 变压器无异常声响、示波图中电压没有突降、电流也无中断或突变、电压波形过零时间与中性点电流最大值时间基本对应，且试验负责人认为无异常，则本试验通过	
4	线端雷电全波、截波冲击试验（LI）	9.1 查看试验装置、仪器及其接线，分压比			提示： ①对照试验方案，做好现场记录； ②如果分接范围≥-5%且≤5%，变压器置于主分接试验； ③如果分接范围＞5%或＜-5%，试验应在两个极限分接和主分接进行，在每一项使用其中的一个分接进行试验	
		9.2 观察冲击电压波形及峰值			要求如下： ①全波：波前时间一般为1.2（1±30%）μs，半峰时间50（1±20%）μs，电压峰值允许偏差±3%； ②截波：截断时间应为2～6μs，跌落时间一般不应大于0.7μs，波的反极性峰值不应大于截波冲击峰值的30%	

序号	见证项目	见证内容和方法		见证方式	见证依据	见证要点	补充监造要求及监造资料留存方式
4	线端雷电全波、截波冲击试验（LI）	9.3	观察冲击过程及次序	H	订货技术协议书、出厂试验方案、GB/T 1094.1—2013、GB/T 1094.3—2017、GB/T 1094.4—2016	要求： ①包括电压为50%~75%全试验电压的一次冲击及其后的三次全电压冲击。 ②必要时，全电压冲击后加作50%~75%试验电压下的冲击，以资比较。 ③截波冲击试验应插入雷电全波冲击试验的过程中进行，顺序如下： 一次降低电压的全波冲击； 一次全电压的全波冲击； 多次降低电压的截波冲击； 两次全电压的截波冲击； 两次全电压的全波冲击	照片记录50%与100%冲击电压波形
		9.4	试验结果初步判定			提示： 变压器无异常声响，电压、电流无突变，在降低试验电压、冲击与全试验电压下冲击的示波图上电压和电流的波形无明显差异，且试验负责人认为无异常，则本试验通过	
5	中性点雷电全波冲击试验（LI）	1.1	查看试验装置、仪器及其接线，分压比		订货技术协议书、出厂试验方案、GB/T 1094.1—2013、GB/T 1094.3—2017、GB/T 1094.4—2016	要求： 对于绕组带分接的变压器，当分接位于绕组中性点端子附近时，应选择具有最大匝数比的分接进行	
		1.2	观察冲击电压波形及峰值			要求： 波形参数：波前时间1.2（1±30%）μs，半峰时间50（1±20%）μs	
		1.3	观察冲击过程及次序			提示： 顺序为电压50%~75%全试验电压下的一次冲击及其后的三次全电压冲击	
		1.4	初步分析			提示： 变压器无异常声响，在降低试验电压、冲击与全试验电压下冲击的示波图上电压和电流的波形无明显差异，且试验负责人认为无异常，则本试验通过	

续表

序号	见证项目	见证内容和方法		见证方式	见证依据	见证要点	补充监造要求及监造资料留存方式
6	外施工频耐压试验	10.1	查看试验装置、仪器及其接线，分压比			提示： 对照试验方案，做好现场记录	照片记录试验电压
		10.2	观察加压全过程				
		10.3	试验结果初步判定			提示： 变压器无异常声响，电压无突降和电流无突变，且试验负责人认为无异常，则本试验通过	
7	长时感应电压试验（ACLD，即局部放电测量）	11.1	查看试验装置、仪器及接线，变比	H	订货技术协议书、出厂试验方案、GB/T 1094.1—2013、GB/T 1094.3—2017、GB/T 1094.4—2016	要求： 高压引线应无晕化。 提示： 对照试验方案，做好现场记录	①视频记录合闸背景、局放监测电压下各通道局放量（最后10分钟）； ②照片记录局放监测电压
		11.2	观察并记录背景噪声			要求： 背景噪声应小于视在放电规定限值的一半	
		11.3	观察方波校准			要求： 每个测量端子都应校准。 提示： 注意记录传递系数	
		11.4	观察感应电压频率及峰值			要求： ①合理选择相匹配的分压器和峰值表； ②电压偏差在 ±3% 以内； ③频率应接近选择的额定值	
		11.5	观察感应电压全过程			要求： 按试验方案或 GB1094.3 规定的时间顺序施加试验电压	

续表

序号	见证项目	见证内容和方法		见证方式	见证依据	见证要点	补充监造要求及监造资料留存方式
7	长时感应电压试验（ACLD，即局部放电测量）	11.6	观察局部放电测量	H	订货技术协议书、出厂试验方案、GB/T 1094.1—2013、GB/T 1094.3—2017、GB/T 1094.4—2016	提示： ①注意观察在U2下的长时试验期间的局部放电量及其变化，并记录起始放电电压和放电熄灭电压； ②若放电量随时间递增，则应延长U2的持续时间，以观后效（如半小时内不增长，可视为平稳）	①视频记录合闸背景、局放监测电压下各通道局放量（最后10分钟）； ②照片记录局放监测电压
		11.7	试验结果初步判定			提示： 变压器无异常声响，试验电压无突降现象，视在放电量趋势平稳且在限值内，试验负责人认为无异常。即可初步认为试验通过	
8	绝缘油试验	理化试验和工频耐压		R	订货技术协议书、出厂试验方案、JB/T 501—2021、GB/T 2536—2011	提示： 绝缘油多有从炼油厂直发工地的	留存纸质或电子扫描报告
9	油中含气体分析	12.1	观察采样	W	订货技术协议书、出厂试验方案、GB/T 7252—2016	要求至少应在如下各时点采样分析： ①试验开始前； ②绝缘强度试验后； ③长时间空载试验后； ④温升试验或长时过电流试验开始前、中（每隔4h）、后； ⑤出厂试验全部完成后； ⑥发运放油前。 提示： 留存有异常的分析结果，记录取样部位	留存见证照片
		12.2	查看色谱分析报告			要求如下： ①油中气体含量应符合以下标准：氢气 <10μL/L、乙炔 0、总烃 <7.5μL/L； ②特别注意有无增长	留存纸质或电子扫描报告、见证照片

第4章　驻厂监造安全管理及危险源识别

1. 危险源识别

对重要环境因素和需要采取控制措施的危险源及其风险有关的运行和活动进行识别、评估、响应、策划和控制，确保其在规定的条件下运行，以实现环境、职业健康安全方针、目标和指标，不断改进环境绩效，消除或降低职业健康安全风险。驻厂监造组总监是监造现场安全第一责任人，负责组织、监督、检查监造现场的安全生产工作，以确保安全生产。

2. 办公区域危险源识别

定期检查插座缺陷：是否存在线路老化，是否可能有电器漏电隐患。不得使用未经过安全检测的用电器具，严禁超负荷使用电气设备。

遇到极端天气或者下班前，应认真检查所辖办公区域：门窗是否关好，办公设备、空调和电灯电源是否关闭，责任到人。

注意重点防火部位设施是否完善，是否配备了便携式灭火器，是否对员工进行了防火培训。

办公室是否有自来水龙头或者热水器等水容器，定期检查水龙头、热水器等设备，避免发生漏水事故，造成办公设备损失。

3. 车间区域危险源识别

监造人员进车间后，必须按规定戴好安全帽，佩戴监造工作牌。尤其是男员工，严禁穿拖鞋、背心、短裤，以及其他不规范着装进入车间。

监造人员不得私自将与工作无关的人员带入车间。

严禁在车间内吸烟，严禁带火种（如打火机、火柴等）进入重点防火区域（如油罐区域、锅炉房、油箱车间、化工材料库、氧气房、采购部化工仓库等）。

进入车间后，在安全通道上，稳步通行，切勿跑、追、赶。

不得用手触摸现场原材料等。

行车在吊运时，严禁站在吊运物下面。

监造人员在检查生产设备和试验设备运行情况时，未经允许严禁操作、调试现场设备。

　　监造人员严禁接触化学物品，在油漆车间要佩戴口罩，以防对人体造成伤害。

　　未经允许，不得进入贴有"危险区域"或"严禁入内"等危险性警告标志的作业场所。

　　在车间，监造人员对挂有"严禁烟火""有电危险""有人工作、切勿合闸"等危险警告标志的场所，应严格遵守制造单位的安全要求。

　　监造人员进入高压试验站时，必须确认安全方可进入试验现场。

　　监造人员应增强自我保护意识，防范各类安全事故的发生。

第二部分　组合电器（GIS）

第5章　监造工作开展流程

1. 前期工作

在项目开工前，监造组编写《监造实施细则》，报公司批准，制造厂备案；审查制造厂提供的主接线图、间隔布置图及气室分割图，并经设计院确认；熟悉制造厂的企业性质、隶属关系、人员构成等基本信息；审查制造厂的质量管理体系等质量管理文件；查看生产环境、生产装备、试验检测仪器设备的情况，以及其他相关基本信息。

2. 驻厂监造工作过程文件及信息报送

（1）监造实施细则。

《监造实施细则》是实施驻厂监造工作的指导性文件。在编制时，应参照产品的《设计联络会纪要》、《技术协议》（投标文件）、《监造作业规范》等相关文件。《监造实施细则》内容应涵盖产品技术参数、主要原材料组部件的供应商、项目单位特殊要求（在《设计联络会纪要》《承诺函》中明确的相关要求）及供应商试验装备情况等相关内容。《监造实施细则》应在项目开工前10日报送公司审核，公司审核后报送委托单位确认，依据确认后的《监造实施细则》开展工作。《监造实施细则》使用的模板为公司统一下发的模板，仅供参考，监造人员应根据产品技术要求和供应商工艺流程等相关要求完善或修改相应条款，确保实施过程中能按照监造实施细则执行。

（2）监造日志。

编写《监造日志》是监造人员必须完成的工作。《监造日志》是监造工作的原始记录，是形成监造工作周报、总结的基础资料，是公司归档的重要技术文件，是追溯监造产品制造过程的重要依据。《监造日志》能反映工作是否到位、工作质量优劣、信息虚实、业务水平高低。企业应要求监造人员重视《监造日志》的编写质量，具体要求如下：《监造日志》的内容应严格按照设备《监造作业规范》中的要求编写，《监造作业规范》要求的见证项目和内容都应进行描述，参照监造要点记录见证实况并得出结论。每天的日志必须附照片，涵盖项目进度情况、现场工序见证情况、文件见证情况、质量问题处理情况。在每周二，将上一周的日志，转换成PDF格式，发到监造群中。

（3）监造周报。

《监造周报》的主要目的是让项目单位了解产品制造质量和进度情况。监造人员应围绕该监造产品一周以来的进度情况、质量问题及监造情况等进行编写。编写时，应注意提炼主题、突出重点，监造人员应客观、全面地编写监造周报，具体要求为内容全面准确、事件闭环跟踪。

（4）国家电网电子商务平台填报。

登录国家电网电子商务平台填报信息是监造工作非常重要的组成部分，监造相关工作（监造任务生成、监造过程记录、发现的质量问题、监造工作总结等）必须通过国家电网电子商务平台来完成。国家电网电子商务平台是委托单位对公司考核的主体，也是国家电网公司考核委托单位和监理公司的重要手段。

（5）信息传递。

监造人员通过电话、电子邮件、企业电子商务平台等方式沟通相关信息。对于《关键点见证通知》《监理工作联系单》《即时报》等文件应及时发送给相关负责人，并确认对方收到，同时在企业电子商务平台进行填报。

3. 问题发现及处理

（1）一般质量问题。主要是指在设备生产制造过程中，出现不符合设备订货合同中的规定和已经确认的技术标准/文件要求的情况，通过简单修复可及时纠正的问题。

（2）重大质量问题。

①制造厂擅自改变供应商或规格型号，或采用劣质的主要原材料、组部件、外协件。

②在设备生产制造过程中，制造厂的管理明显失控。

③设备出厂试验不合格，影响交货进度。

④需要较长时间才能修复设备，影响交货进度。原材料/组部件不满足技术协议要求；供应商自检未发现而影响产品质量或后续工序的质量问题；其他重大质量问题。

4. 监造依据

（1）法律法规：国家相关法律、法规，以及行业相关规定。

（2）标准：与监造设备相关的国际、国家、行业、公司标准，以及供应商企业标准，如表5-1所示。

表 5-1　监造依据的标准

序号	标准号	标 准 名 称
1	GB/T 7674—2020	额定电压 72.5kV 及以上气体绝缘金属封闭开关设备
2	GB/T 1984—2014	高压交流断路器
3	GB/T 1985—2014	高压交流隔离开关和接地开关
4	GB/T 11023—2018	高压开关设备六氟化硫气体密封试验方法
5	GB/T 11032—2020	交流无间隙金属氧化物避雷器
6	GB/T 12022—2014	工业六氟化硫
7	GB/T 7354—2018	高电压试验技术 局部放电测量
8	GB/T 16927.1—2011	高电压试验技术 第 1 部分：一般定义及试验要求
9	GB/T 8320—2017	铜钨及银钨电触头
10	GB/T 1030—1988	内球面垫圈
11	GB/T 1040.1—2018	塑料 拉伸性能的测定 第 1 部分：总则
12	GB/T 1408.1—2016	绝缘材料 电气强度试验方法 第 1 部分：工频下试验
13	GB 50171—2012	电气装置安装工程盘、柜及二次回路接线施工及验收规范
14	GB 567.1—2012	爆破片安全装置 第 1 部分：基本要求
15	GB/T 19001—2016	质量管理体系 要求
16	GB/T 26429—2010	设备工程监理规范
17	GB/T 30092—2013	高压组合电器用金属波纹管补偿器
18	DL/T 593—2016	高压开关设备和控制设备标准的共用技术要求
19	DL/T 5434—2021	电力建设工程监理规范
20	DL/T 586—2008	电力设备监造技术导则

（3）相关其他文件包括以下内容。

①国家电网公司产品质量监督有关规定，以及《电力设备（交流部分）监造大纲》《气体绝缘金属封闭开关设备监造规范》。

②《组合电器全过程技术监督精益化管理实施细则及监督记录》及国家电网电力公司颁布的相关文件。

（4）委托监造合同、委托监造工作任务单。

（5）依法签订的设备供货合同、投标技术协议、设计联络会会议纪要。

（6）供应商关于本设备的设计图纸、技术文件、工艺文件。

第6章　组合电器项目信息及供应商体系控制见证点

（1）审查质量管理体系文件：是否符合项目管理流程、供方管理程序、项目适用文件清单、合格供应商清单、项目分包商清单等。

（2）确认设计图纸（平面布置图、线路单线图、气室布置图等）是否经设计院检查和确认。

（3）检查主要原材料、组部件（包括外协加工件、委托加工材料）的质量证明文件、试验/检验报告及进厂检验报告，并与实物核对。

（4）审查拟采用的新技术、新材料、新工艺的鉴定资料、试验报告等文件。

（5）检查主要生产工序的生产工艺设备、操作规程、检测手段、测量试验设备和有关人员的上岗资格，以及设备制造和装配场所的环境。

项目信息及供应商体系控制见证点如表6-1所示。

表 6-1　组合电器项目信息及供应商体系控制见证点

序号	项目	检查内容	见证方式		
			H（点）	W（点）	R（点）
1	总体信息	客户名称			√
		项目名称			√
		项目编号			√
		制造厂			√
		产品型号			√
		母线为单相还是三相共箱			√
2	产品技术参数	额定电压			√
		额定工频耐受电压			√
		额定雷电冲击耐受电压			√
		母线额定电流			√
		总体间隔数量			√
		母线数量			√
		隔离接地间隔数量			√
		断路器间隔数量			√
		备用间隔数量			√

续表

序号	项目	检查内容	见证方式		
			H（点）	W（点）	R（点）
3	技术文件	变电站平面布置图			√
		线路单线图			√
		产品数据表（断路器、隔离接地开关、电流互感器、电压互感器等）			√
		气体间隔方案			√
		气体监测方案			√
		铭牌和设备标签			√
		出厂验收试验计划			√
		间隔和主要部件的试验报告			√
		包装清单			√
4	质量文件	质量计划			√
		来料检查和控制质量程序文件			√
		组装质量控制程序文件			√
		间隔组装后试验程序文件			√
		包装发运质量程序文件及包装清单			√
		生产计划			√
5	职业健康安全、环境	OHSAS 18001 认证			√
		ISO 14001 认证			√
		安全鞋、安全帽、手套（操作时的人员安全）		√	
		警告标识		√	
		组装车间的通行标识		√	
		车间环境（温度、湿度、清洁度等）		√	√
		六氟化硫气体管理		√	√
6	车间的清洁度	主厂房		√	√
		断路器组装车间		√	√
		隔离接地开关组装车间		√	√
		总装配车间		√	√

第7章 各单位元件及各单位元件制造装配（分装）监造要点及要求

1. GIS各单位元件的文件见证

在各单位元件进厂后，监造人员应要求供应商提供原厂检验报告、进厂检验记录，具体如下。

（1）用于产品的由供应商直接购买的元件，如电流互感器、电压互感器、避雷器等，应要求供应商提供所购元件的质量文件（如原厂检验/试验报告、进厂检验记录等）。

（2）供应商购买的材料或半成品，再进行加工后用于产品的，如绝缘拉杆、GIS的筒体、盆式/支柱绝缘子等，应要求供应商提供原材料的质量文件（如材质成分报告、机械强度报告等）、供应商加工时的工序合格证及相关的质量证明文件（如工序合格证、质量跟踪卡、焊缝探伤报告等）。

（3）因为多数GIS产品是大批量生产的，所以文件见证一定要关注质量文件与所对应元件的关系（时间、批次等）。

2. 某市电力公司对GIS重要元件检验及试验特殊要求

某市电力公司对GIS重要元件的检验及试验也提出了特殊要求，根据《关于做好变压器、组合电器监造工作的通知》要求，关于220kV及以上电压等级的组合电器绝缘拉杆、盆式绝缘子、支柱绝缘子等关键出厂试验项目，在试验开始前至少7天发"见证邀请函"，通知项目单位进行现场见证。

3. GIS基本组成元件的作用及特点

（1）断路器。

断路器的作用是对电力系统和设备进行控制与保护，其既可切合空载线路和设备，又可合分和承载正常的负荷电流，能在规定的时间内承载、关合及开断规定的短路电流以保证电网正常运行。GIS 断路器按照箱体结构分为三相共箱式和三相分箱式。断路器的布置方式由断口情况决定，一般单断口可以采用立式布置或卧式布置，多断口一般采用卧式布置。

图7-1所示为SF_6罐式断路器。

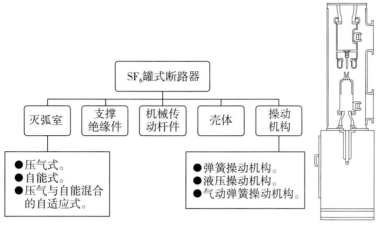

图 7-1　SF$_6$ 罐式断路器

（2）隔离开关。

隔离开关的作用：在分闸位置时，将高压配电装置中需要停电的部分与带电的部分可靠地隔离，保证触头间有符合要求的绝缘距离；在合闸位置时，能够承载额定的负荷电流或在规定的时间内规定的短路电流，能够开合母线转换电流、母线充电电流。

GIS 隔离开关包括隔离开关本体及其操动机构两大部分，动触头、静触头等所有带电部件均安装在金属壳体中，操动机构输出轴与隔离开关操作轴连接，通过绝缘拉杆、传动系统使动触头运动，实现隔离开关的合、分操作。GIS 隔离开关配用的操动机构主要有电动机操动机构、弹簧操动机构、气动操动机构。

（3）接地开关。

接地开关的作用是将回路接地，在异常条件下，接地开关可以承载规定时间内规定的短路电流，在某些工况下还需要具有关合短路电流或开合感应电流的功能。GIS 接地开关一般分为两种，一种是检修用接地开关，通常称为检修接地开关；另一种是故障接地开关，通常称为快速接地开关。

GIS 接地开关可以带绝缘法兰或不带绝缘法兰：当接地开关壳体与 GIS 壳体之间有绝缘法兰时，拆除接地线；在接地开关合闸后，主回路与大地隔离，可以进行主回路电阻的测量和断路器机械特性的检测等试验。

（4）母线。

GIS 中的母线将各功能部件连接在一起，起着汇集与分配电能的作用。没有特殊说明时，GIS 的母线是指气体绝缘封闭母线。

母线分为主母线和分支母线：主母线是指承担电流汇集的母线；分支母线是

指承担电流送出或送入的母线。如图7-2所示为母线示意图。

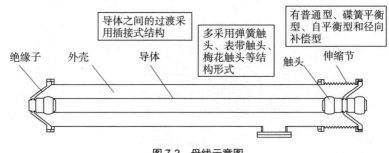

图 7-2　母线示意图

（5）电流互感器。

电流互感器的作用是将大电流转换成小电流。在正常情况下，供给测量仪器、仪表作为计量用；在故障状态下，传递电流信息，供给保护和控制装置，对系统进行保护。一般测量级与保护级要分开。

图7-3所示为共箱内置式电流互感器结构示意图。

图7-4所示为单相外置式电流互感器结构示意图。

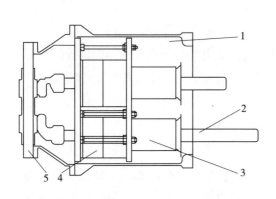

1—外壳；2—导体；3—内部屏蔽；4—线圈；
5—绝缘子

图 7-3　共箱内置式电流互感器结构

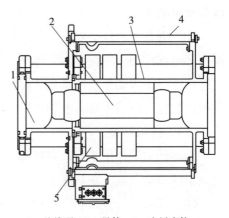

1—绝缘子；2—导体；3—内衬壳体；
4—外壳；5—线圈

图 7-4　单相外置式电流互感器结构

（6）电压互感器。

电压互感器的作用是将高电压转换成低电压：在正常情况下，供给测量仪器、仪表作为计量用；在故障状态下，传递电压信息，供给保护和控制装置，对系统进行保护。GIS 电压互感器目前主要为电磁式，采用六氟化硫（SF_6）气体绝缘，由壳体、盆式绝缘子、一次绕组、二次绕组、铁芯等组成。

图7-5所示为单相电压互感器结构示意图。

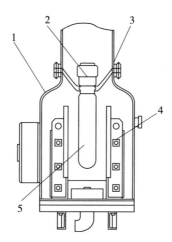

1—外壳；2—导体；3—绝缘子；4—内屏蔽；5—绕组

图 7-5　单相电压互感器结构

图7-6所示为三相电压互感器结构示意图。

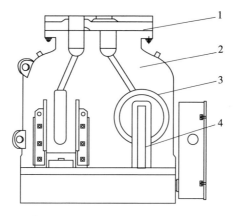

1—绝缘子；2—外壳；3—绕组；4—内屏蔽

图 7-6　三相电压互感器结构

（7）避雷器。

避雷器的作用：当雷电入侵波或操作波超过某一电压值后，优先于与其并联的被保护电力设备放电，从而限制了过电压，使与其并联的电力设备得到保护。GIS避雷器为罐式氧化锌型封闭式结构，采用SF_6气体绝缘。避雷器主要由罐体、盆式绝缘子、安装底座及芯体等部分组成，芯体是由氧化锌电阻片作为主要元件，具有良好的伏安特性和较大的通流容量。

图7-7所示为单相避雷器结构示意图。

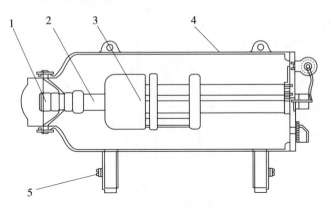

1—绝缘子；2—连接导体；3—氧化锌组件；4—外壳；5—支架

图 7-7　单相避雷器结构

图7-8所示为三相避雷器结构示意图。

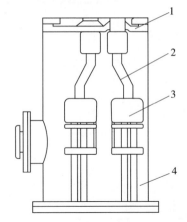

1—绝缘子；2—连接导体；3—氧化锌组件；4—外壳

图 7-8　三相避雷器结构

（8）出线连接元件。

GIS 与变压器之间有 3 种连接方式：直接连接、电缆连接、架空线连接。直接连接按 GB/T 22382—2017《额定电压 72.5kV 及以上气体绝缘金属封闭开关设备与电力变压器之间的直接连接》中的规定连接。电缆连接按 GB/T 22381—2017《额定电压 72.5kV 及以上气体绝缘金属封闭开关设备与充流体及挤包绝缘电力电缆的连接　充流体及干式电缆终端》中的规定连接。架空线连接通过 GIS 的 SF_6 气体绝缘套管和架空线与变压器出线套管进行连接。GIS 用的套管可以是瓷质空心绝缘子或复合空心绝缘子。套管外绝缘的爬电距离和干弧距离设计应满足环境污秽等级和海拔要求。

（9）支架。

GIS是由各种电气元件通过金属外壳和内部导体串接而成的组合电器。这些支架必须综合考虑可能产生的位移和机械应力，既要考虑各个元件的位移和机械应力，又要考虑可能对相邻元件带来的影响。

（10）盆式绝缘子。

盆式绝缘子是GIS中的主要绝缘件，它起到将通有高电压、大电流的金属导电部位与地电位的外壳之间的绝缘隔离、支撑及不同气室的隔离作用。盆式绝缘子需承受GIS导体重量、运动部位的力、设备短路情况下的电动力，以及相邻气室间的气压差形成的机械力等负荷。因此，GIS盆式绝缘子不但要满足绝缘性能的要求，还要具有一定的机械强度。根据结构的不同，盆式绝缘子可分为带金属法兰和不带金属法兰两种，根据功能的不同，可分为隔板（不通气盆式绝缘子）和支撑绝缘子（通气盆式绝缘子）两种。

4. GIS单元的清洁度的控制

GIS单元的清洁度控制是装配过程中最重要的质量控制过程，此过程的质量关系到GIS设备能否试验合格、顺利出厂。在清洁时，要先使用细纱布或百洁布去除掉罐体及各导电元件上的毛刺及污痕，再使用高纯丙酮、酒精及工业无毛纸等物品擦拭罐体内壁及元器件，以保证气室内无杂质。各单元元件装配时应重点控制此项。

5. GIS各单位元件见证要点

GIS各单位元件见证要点如表7-1所示。

表7-1　GIS各单位元件见证要点

序号	零部件名称	见证点	见证方法	见证方式
1	喷嘴、触头	生产厂家、型号、质保证书	①查验原厂材质检验报告、质保书，及进厂抽检、验收记录，核对实物；②查看供货合同	R
		材质检验报告、进厂抽检、验收记录		
2	密封件	生产厂家、型号、质保证书	①查验原厂质保书，及进厂抽检、验收记录，核对实物；②针对密封圈，核查线径、尺寸及外表面状况（必要时，要求厂家提供密封圈材质的出厂试验报告）	R
		进厂抽检、验收记录		

序号	零部件名称	见证点	见证方法	见证方式
3	吸附剂、安装吸附剂的防护罩	生产厂家、型号、质保证书	①查验原厂质保书，及进厂抽检、验收记录，核对实物；②核查吸附剂罩的材质，核查吸附剂袋的材质；③检查防护罩的牢固情况	R/W
		进厂抽检、验收记录		
4	套管、操作机构	生产厂家、型号、质保证书	①查验原厂质保书，及出厂试验报告，验收记录，核对实物；②是否与技术协议一致	R/W
		出厂试验报告，进厂抽检、验收记录		
5	均压电容、合闸电阻	生产厂家、型号、质保证书	查验原厂质保书、出厂试验报告，进厂抽检、验收记录，核对实物；是否与技术协议一致	R
		出厂试验报告，进厂抽检、验收记录		
6	盆式绝缘子	原材料、外观检查（表面光滑程度、色泽、尺寸检查）	检验报告，现场见证盆式绝缘子金属嵌件镀银层厚度应符合要求，其嵌件内部应采用超声波冲洗	R/W
		抽检破坏性水压试验（至少3倍压力，直至盆式绝缘子破裂）	检验报告，现场见证抽检	W
		X射线探伤、气密和水压试验（对不同盆式绝缘子，用2倍压力试验1分钟）	检验报告，现场见证	W
		工频耐压和局部放电试验	检验报告，现场见证	H
7	支柱绝缘子、绝缘拉杆	原材料、外观检查（表面光滑程度、色泽、尺寸检查）	检验报告，现场见证	W
		进口件：生产厂家、型号、出厂试验报告、质保证书、验收记录	①查验出厂试验报告，及进厂抽检、验收记录，核对实物；②查看供货合同	R
		自制：X射线探伤试验	检验报告，现场见证	W
		自制：工频耐压和局部放电试验	检验报告，现场见证	H
8	密度继电器、压力表	生产厂家、型号、质保证书	①查验原厂质保书，及出厂试验报告，进厂抽检、验收记录，核对实物；②抽查实物是否与技术协议一致	R/W
		精度校验、接点的动作值和返回值检测（按照五通要求及产品技术规范）	校验报告	

续表

序号	零部件名称	见证点	见证方法	见证方式
9	壳体	原材料生产厂家、型号、质保证书	查验原厂质保书、出厂试验报告，及进厂抽检、验收记录，核对实物	R
		内部光洁度、法兰平整度和密封槽尺寸检查	检验报告，现场见证	R/W
		焊接件：质量检查和探伤试验（1.3倍压力，保压不少于5分钟）	检验报告，现场见证	W
		铸造件：密封试验；水压试验（2倍压力，试验5分钟）	检验报告，现场见证	W
10	导体	原材料生产厂家、型号、质保证书	查验原厂质保书、出厂试验报告，及进厂抽检、验收记录，核对实物	R
		几何尺寸检查：径向、轴向、总体尺寸	检验报告，现场见证	R/W
		外观检查：无杂物、毛刺、干净	检验报告，现场见证	
		镀银层厚度检查（符合设计要求，但最低不能小于8μm）、附着力检查（不小于5MPa）	检验报告，现场见证	
11	SF_6气体	生产厂家、型号、质保证书	①查验原厂质保书、出厂试验报告，及进厂抽检、验收记录，核对实物；②查看采购合同	R/W
		性能检测，包括六氟化硫质量分数、空气和四氟化碳质量分数、四氟化碳的质量分数、水的质量分数和露点、酸度的质量分数、可水解氟化物、矿物油的质量分数	校验报告，现场见证	
12	电压互感器	生产厂家、型号、质保证书	①查验原厂质保书、核对实物；②是否与技术协议一致	R
		探伤试验、气密检查、端子标志检查、二次绕组误差和二次绕组励磁特性测试	检验报告，现场见证	R/W
13	电流互感器	生产厂家、型号、质保证书	①查验原厂质保书、出厂试验报告，及进厂抽检、验收记录，核对实物；②是否与技术协议一致	W
		探伤试验、端子标志检查、二次绕组误差和二次绕组励磁特性测试	检验报告，现场见证	
14	底座、支架	材质证明、数量规格、组装尺寸	检验报告，现场见证	R/W
		镀锌层、防锈措施检查	校验报告，现场见证	

序号	零部件名称	见证点	见证方法	见证方式
15	伸缩节	原材料、外观检查（表面光滑程度、色泽、尺寸检查）	检验报告，现场见证	R/W
		①配置计算书；②用于温度补偿的伸缩节应优先采用碟簧、自平衡、横向伸缩节，若采用安装型伸缩节用于温度补偿，应设置长拉杆。当采用压力平衡型伸缩节时，每两个伸缩节间的母线筒长度不宜超过40m	设计说明书	
		水压、探伤试验伸缩节中的波纹管本体不允许有环向焊接头（对伸缩节中的直焊缝应进行100%的X射线探伤，射线为Ⅱ级，环向焊缝进行100%着色检查，缺陷等级应不低于NB/T 47013.5—2015中表5规定的Ⅰ级；水压试验压力为1.5倍的设计压力，到达规定试验压力后保持压力不少于10分钟，伸缩节不得有渗漏、损坏、失稳等异常现象）	检验报告，现场见证	
		伸缩量、变化范围检查	①检验报告，现场见证；②核查伸缩量变化范围满足工程安装、温度补偿要求	

6. GIS各单位元件装配过程（分装）见证要点

GIS各单位元件装配过程（分装）见证要求如表7-2所示。

表7-2　GIS各单位元件装配过程（分装）见证要求

序号	见证项目	见证点	见证方法	见证方式
1		断路器装配		
1.1	灭弧室装配	1.1.1 环境温度、湿度、洁净度要符合工艺要求，所使用的工装器具应干净、无污垢	①检查记录；②现场查看	W
		1.1.2 触指、触头清洁、镀银面无毛刺、无划痕、无斑点（镀银层厚度、附着力应符合要求）		
		1.1.3 触头弹簧无裂纹、技术参数符合产品技术条件要求		
		1.1.4 屏蔽罩表面应清洁、光滑、无损伤、无变形		
		1.1.5 导体表面应清洁、无凸起、无伤痕、无异物		
		1.1.6 装配用的所有元件必须是全新的，必须是清洁的		

续表

序号	见证项目	见证点	见证方法	见证方式
1.1	灭弧室装配	1.1.7 灭弧室装配应满足工艺文件的要求：重点检查动触头系统、静触头系统、均压罩、喷嘴、导电杆等的装配	①检查记录；②现场查看	
		1.1.8 检查灭弧室装配过程中所有螺丝的紧固情况是否良好，是否按工艺要求进行紧固作业，并开展复核		
		1.1.9 检查装配尺寸、形位公差、同心度，均应符合产品技术条件要求		
1.2	本体装配	1.2.1 在灭弧室部件装配好的基础上，按设计图纸及装配工艺要求装配断路器本体	①检查记录；②现场查看；③金属外壳的见证点按照本表3.2的要求进行	W
		1.2.2 盆式绝缘子是关键零部件，监造时应重点检查出厂试验报告的试验项目，其结果应合格		
		1.2.3 盆式绝缘子、支柱绝缘子应清洁、无裂纹、无气泡、无伤痕、无异物		
		1.2.4 绝缘拉杆是关键零部件，监造时应重点检查出厂试验报告的试验项目，其结果应合格		
		1.2.5 绝缘拉杆表面应清洁、光滑、无毛刺、不起层		
		1.2.6 检查绝缘拉杆连接结构，连接要牢固，并具有预防绝缘拉杆脱落的有效措施		
		1.2.7 所有密封圈（密封槽）应清洁，密封圈应无扭曲、变形、裂纹、毛刺，并应具有良好的弹性；密封圈应与法兰面（或法兰面上的密封槽）的尺寸相配合；使用过的密封圈，不允许再使用。密封圈应随用随取，剩余密封圈及时放入原自封袋，封口保存		
		1.2.8 吸附剂装配应正确、适量、无漏装。吸附剂的防护罩应采用不锈钢金属材质，吸附剂带应牢固、不易破裂、不易粉化，并核查吸附剂布置方位，不应布置于顶部		
		1.2.9 对于装配完毕的断路器本体，应认真检查内部清洁度（重点核查屏蔽罩、梅花触指等部位），其内部应清洁、无遗留物		
		1.2.10 螺栓紧固应使用力矩扳手按标准力矩和工艺要求进行紧固作业，并复核力矩		
		1.2.11 装配过程检验：检查行程、超程、开距等机械参数应符合产品技术条件要求		
		1.2.12 按工艺要求装上吸附剂后，应立即抽真空（必须30分钟内完成），抽真空合格后充 SF_6 气体		

序号	见证项目	见证点	见证方法	见证方式
1.3	操作机构装配	1.3.1 操作机构传动件部件装配 检查装配尺寸、形位公差、应符合产品技术条件要求	①检查记录； ②现场查看	R/W
		1.3.2 传动件（铝合金连板、杆）是关键零部件，监造时应重点检查其出厂试验报告的试验项目，结果应合格		
		1.3.3 装配质量检查 a. 所有紧固件如螺丝、销子等应无漏装； b. 操动机构传动部件动作顺畅、可靠； c. 接线端子和端子排标识应清楚； d. 箱门密封胶垫的密封应良好，门框及手柄转动应灵活； e. 机构箱外壳应有防锈、防腐蚀措施； f. 机构箱外壳防护等级符合供货技术协议要求； g. 二次接线应符合产品技术图纸的规定和要求； h. 测量分、合闸线圈直流电阻符合设计技术参数要求； i. 分、合闸线圈的铁芯动作灵活，无卡阻（核查是否两套独立的分闸线圈，不能共衔铁，不应叠装布置），铁芯运动行程及配合间隙差值应满足制造厂的规定		
		1.3.4 检查下列器件配置 a. 机构箱内配置的加热器和温湿度控制器技术参数应符合设计图纸要求与订货合同技术协议要求； b. 机构箱内配置辅助开关的常闭、常开接点对数应符合设计图纸要求与订货合同技术协议要求； c. 机构箱内配置的所有电气元件型号、规格应符合图纸要求，所有电气元件和部件安装位置应正确，固定应牢靠		
1.4	整组组装及中间过程检验	1.4.1 传动件组装 a. 检查传动机构与其他部件的连接是否牢固； b. 检查传动机构与极柱之间的连接是否正确、牢固、可靠； c. 检查螺栓是否紧固，是否使用力矩扳手按标准力矩和工艺要求进行紧固作业	现场查看	W
		1.4.2 操作检查 a. 断路器本体与操动机构装配完毕后，进行手动分、合操作 5 次，其动作应正常、顺畅； b. 辅助开关的接点转换正确，动作计数器动作正常； c. 断路器分、合闸指示标识清晰，动作指示位置正确； d. 断路器应具有远程操作和就地操作的功能		
		1.4.3 机械尺寸测量 断路器行程、超程、开距应满足产品技术条件要求		

序号	见证项目	见证点	见证方法	见证方式
2		隔离开关、接地开关装配		
2.1	本体部分	2.1.1 动静触头、均压罩、导电杆等元件应清洁、无毛刺、无划痕、无斑点 2.1.2 绝缘拉杆表面应清洁、光滑、无毛刺、不起层 2.1.3 装配工艺应满足工厂装配工艺文件的要求 应检查动、静触头装配尺寸、形位公差、同心度，均应符合产品技术条件要求 2.1.4 本体装配后，检查其内部组件及腔体应清洁、无金属遗留物	①检查记录； ②现场查看	R/W
2.2	机构部分	2.2.1 传动部件如拐臂、传动轴、连接拉杆等装配应符合装配工艺要求 2.2.2 检查装配尺寸、形位公差应符合技术图纸的要求 2.2.3 传动件（铝合金连板、杆）是关键零部件，监造时应重点检查其出厂试验报告的试验项目，结果应合格 2.2.4 二次接线应符合产品技术图纸的规定和要求 2.2.5 机构箱门密封胶垫密封应良好；门框及手柄转动应灵活	①检查记录； ②现场查看	R/W
2.3	组装及中间过程检验	2.3.1 检查传动机构与本体之间的连接是否正确、可靠 2.3.2 检查螺栓紧固是否使用力矩扳手按标准力矩和工艺要求进行紧固作业 2.3.3 标识指示检查 隔离开关与接地开关分、合闸标识应清晰、指示应正确 2.3.4 操作检查 隔离开关和接地开关的操作检查，手动分、合各 5 次，动作应正常、顺畅；辅助开关接点转换应正确 2.3.5 机械参数检查 行程、超程、开距等应符合产品技术条件要求	现场查看	W
3		母线和分支母线装配		
3.1	导电杆	3.1.1 金属导体表面应光滑、清洁、无毛刺 3.1.2 导体触头镀银层无斑点、无划痕、无磕碰 3.1.3 检查导体尺寸、形位公差应符合技术图纸的要求 3.1.4 装配时要用专用工装设备，确保各部位机械尺寸和导体对中，插入深度符合工艺要求，接头接触良好	①现场查看； ②检查记录	R/W

续表

序号	见证项目	见证点	见证方法	见证方式
3.2	金属外壳	3.2.1 金属外壳外形尺寸符合技术图纸要求；材质与供货技术协议一致	①现场查看；②检查记录；③金属外壳的见证点适用于GIS各部分装配	R/W
		3.2.2 金属外壳是关键零部件，监造时应重点检查其出厂试验报告的试验项目，外壳的压力试验、外壳焊缝无损探伤检验结果应合格（必要时可抽检），参照 GB/T 28819—2012		
		3.2.3 外壳焊接质量检查，焊缝应饱满、平整、无焊渣		
		3.2.4 盆式绝缘子、支柱绝缘子表面应清洁、无裂纹、无气泡、无伤痕、无异物		
		3.2.5 密封圈应平整、清洁，无扭曲、变形，并应具有良好的弹性；使用过的密封圈，不允许再使用		
		3.2.6 外壳内表面应清洁、无遗留物		
		3.2.7 法兰对接面、金属密封面（密封槽）等应清洁、光滑		
		3.2.8 外壳内、外表面有防锈、防腐蚀措施		
		3.2.9 螺栓紧固 对 GIS 罐体法兰与盆式绝缘子的连接、罐内导体与绝缘件的连接、罐体法兰端面间的连接应使用力矩扳手按标准力矩和工艺要求进行紧固作业。外露的螺栓按力矩要求紧固好以后，应做紧固标识线		
4		电流互感器装配		
4.1	装配要求	4.1.1 内部应清洁、无污物及遗留物。要求装配车间湿度不得高于70%	①现场查看；②检查记录或检查试验报告	R/W
		4.1.2 按技术图纸和装配工艺要求进行装配		
		4.1.3 二次绕组之间应压紧实、夹紧牢固，不得窜动，并应符合设计图纸的要求		
		4.1.4 二次绕组与一次侧金属外壳之间的缓冲层材料不应产生损害绝缘的有害物质；新材料的应用，必须有理化验证报告		
4.2	过程检验	4.2.1 检查绕组数量、容量、准确级、变比等应符合供货技术协议的要求		
		4.2.2 端子标志、励磁特性试验，结果应符合产品技术条件要求		

续表

序号	见证项目	见证点	见证方法	见证方式
5		电压互感器装配		
5.1	装配要求	5.1.1 按技术图纸和装配工艺要求进行装配。要求装配车间湿度不得高于70%	①现场查看；②如是外购件，主要是查看原厂质量保证书、出厂试验报告。其装配要求和过程检验由原生产厂实施，必要时核对实物和抽检	R/W
		5.1.2 法兰对接面、金属密封面（密封槽）等应清洁、光滑		
		5.1.3 螺栓紧固应使用力矩扳手按标准力矩和工艺要求进行紧固作业		
5.2	过程检验	5.2.1 检查绕组数量、容量、准确级、变比等应符合供货技术协议的要求		
		5.2.2 励磁特性试验结果应符合产品技术条件		
6		套管装配		
6.1	装配要求	6.1.1 套管内、外表面应完好、清洁、无污垢、无裂纹	①现场查看；②如是外购件，主要是查看原厂质保证书、出厂试验报告。其装配要求和过程检验由原生产厂实施，必要时核对实物和抽检	R/W
		6.1.2 套管密封面应光洁、平滑、无伤痕		
		6.1.3 生产厂商、型号、技术参数与供货技术协议要求一致		
		6.1.4 与法兰连接部位密封应良好、牢固		
		6.1.5 出线套管出线端部的接线板应满足供货技术协议所规定的机械强度要求		
6.2	过程检验	6.2.1 套管是关键零部件，监造时应重点检查其出厂试验报告：应涵盖逐个试验和抽样试验的试验项目，并要求参加开展超声波探伤，结果应合格（必要时可延伸监造）		
		6.2.2 套管与导电杆装配形位公差、同心度应符合设计图纸和装配工艺要求		
		6.2.3 检查套管的泄漏比距（泄漏距离与系统额定电压之比）应符合供货技术协议要求		
7		运输单元（间隔）装配		
7.1	运输单元的元部件组合	7.1.1 检查各元部件如断路器、隔离开关、接地开关、母线及分支母线、电流互感器等按各自工艺要求完成装配工作，并通过质量检查	①现场查看；②检查记录	R/W
		7.1.2 各元部件应完整、无损，清洁度符合质量要求		
		7.1.3 用清洁剂彻底清洁密封圈，杜绝异物残留；对接法兰时，要确保"O"形圈不被挤出；使用过的密封圈，不允许再使用		

序号	见证项目	见证点	见证方法	见证方式
7.1	运输单元的元部件组合	7.1.4 用清洁剂彻底清洁金属密封面（槽），密封面（槽）应干净、光洁、无毛刺	①现场查看；②检查记录	R/W
		7.1.5 用清洁剂彻底清洁法兰对接面（槽），对接面应干净、光洁、无毛刺		
		7.1.6 盆式绝缘子、绝缘件的表面的最终清洁不允许使用已用过的白布，必须用未使用过的清洁白布，并按工艺要求进行清洁，盆式绝缘子、绝缘件应洁净、无受潮、无气泡、无伤痕		
		7.1.7 组装用的螺栓、密封垫、清洁剂、润滑剂、密封脂和擦拭材料符合产品的技术规定		
		7.1.8 伸缩节组装 a. 伸缩节尺寸符合技术图纸要求； b. 严格按工厂工艺要求，在装配母线时，导电杆动触头插入梅花静触头的深度必须足够，测量导体相关尺寸、插入深度及导电回路电阻值，应符合产品技术条件规定		
		7.1.9 按设计图纸要求，把各元部件组装起来，对 GIS 罐体法兰与盆式绝缘子的连接、罐内导体与绝缘件的连接、罐体法兰端面间的连接应使用力矩扳手按标准力矩和工艺要求紧固螺栓；外露的螺栓按力矩要求紧固好以后，应做紧固标识线		
		7.1.10 严格按工厂工艺要求安装吸附剂（吸附剂取出后应15分钟内安装完毕），装配应正确、适量、无漏装，其防护罩应装配牢固。吸附剂若需要高温烘焙，烘焙时间不少于3小时		
7.2	SF$_6$ 气体系统	7.2.1 检查 SF$_6$ 密度继电器应完好，应有合格证、出厂试验报告；充气检查密度继电器在 SF$_6$ 报警泄漏信号压力值、闭锁信号压力值、额定压力值时，其精度符合五通及技术要求		
		7.2.2 SF$_6$ 管道装配应符合图纸要求，管道及接头检查应无泄漏，标准参照主密封要求即可，优先采用双密封结构		
		7.2.3 核对密度继电器的接口阀门是否与供货技术协议所要求的相符		

续表

序号	见证项目	见证点	见证方法	见证方式
7.3	GIS 的接地	7.3.1 GIS 设备接地线的材料应为铜质，接地线的接触部分应采用搪锡处理，接地线标识为黄绿相间；紧固接地螺栓的直径不得小于 M16（126kV 至少 M12），接地点应有接地符号标识		
		7.3.2 GIS 设备所有壳体、支撑架等的相互电气连接应采用紧固连接（螺丝连接或焊接），以保证电气上连通		
		7.3.3 每个气室的绝缘盆子两侧外壳法兰应互连、接触良好，并可靠接地，接地回路应满足短路电流的动、热稳定要求。凡不属于主回路或辅助回路的所有金属部分都应接地		
		7.3.4 接地开关的接地端子应与外壳绝缘后再通过独立的铜导体接地		
		7.3.5 主回路应能接地，以保证维修工作的安全；在外壳打开后的维修期间，应能将主回路连接到接地极		
7.4	防锈、防腐	7.4.1 外壳油漆厚度、附着力应符合工艺要求	① 现场查看；② 检查记录	R/W
		7.4.2 目测外壳油漆表面光洁、均匀		
		7.4.3 外壳油漆颜色应与供货技术协议要求的颜色一致		
7.5	联锁性能	断路器、隔离开关、接地开关的相互联锁性能应符合产品技术要求，操作 3 次应正确、可靠		
7.6	汇控柜	7.6.1 二次接线应符合产品技术图纸的规定和要求		
		7.6.2 二次接线端子和端子排标识应清楚		
		7.6.3 检查汇控柜内配置的元器件的型号、规格应符合设计要求与供货技术协议要求；所有电气元件和部件安装位置应正确，固定应牢靠		
		7.6.4 二次回路通电检查接线回路应正确、动作应正常		
		7.6.5 汇控柜应设置供接地用的接地铜排和接地端子，铜排截面积不小于 4mm×25mm。接地点应有接地符号标识		
		7.6.6 汇控柜的装配应满足防水、防潮、防腐、防锈、防小动物的要求		
		7.6.7 外壳防护等级应符合供货技术协议要求（防护等级符合要求）		

7. GIS各单元元件装配（分装）补充监造要求

国家电网某市电力公司在监造作业规范基础上添加了部分补充要求，具体如表7-3所示。

表 7-3　GIS 各单元元件装配（分装）补充监造要求

序号	见证项目	见证内容	见证方式	见证方法	见证要点	补充监造要求及监造资料留存方式
1	断路器	绝缘拉杆	机械特性、电气特性	R/W	核查试验报告必要时抽检	要求： ① 应满足断路器最大操作拉力的要求，满足断路器灭弧室对地耐压的要求； ② 表面光滑，无气泡、杂质、裂纹等缺陷； ③ 局放量不大于3pC； ④ 252kV 及以上 GIS 用绝缘拉杆总装前应逐支进行工频耐压和局放试验，以上试验均应由 GIS 制造厂完成，并将试验结果随出厂试验报告提交用户。 该项见证内容包括： ① 拉力强度； ② 例行工频耐压及局放试验； ③ 检查生产加工工艺； ④ 绝缘拉杆连接结构检查； ⑤ 拉杆拆封前的检查及暴露时间的控制； ⑥ 生产厂家	①提供拉力强度检测过程视频和检测报告； ②提供绝缘件检测工艺文件、每个绝缘件 X 射线探伤试验、工频耐压试验和局部放电试验检测报告； ③绝缘件应标记某某专用； ④提供图片或短视频，至少涵盖 X 射线探伤、耐压试验的升压过程、局放方波校准、绝缘子工装拆装过程，尤其是耐压计时、电流示数、局放仪图谱

续表

序号	见证项目	见证内容	见证方式	见证方法	见证要点	补充监造要求及监造资料留存方式
1	断路器	灭弧室	材料及组装工艺	R/W	核查材质试验报告、验收报告及实地查看、核对设计文件、制造厂工艺质量文件	要求： ① 防尘室作业条件，温度23～27℃、洁净度10000class、相对湿度70%以下； ② 组装前特别要求注意绝缘件表面状态，不应有异物及损伤。不可以徒手触摸绝缘件，组装时佩戴干净的防尘手套； ③ 触指表面、导体表面不能有伤痕、残缺、镀银层不能起皮或剥落； ④ 活塞内聚四氟乙烯环必须可靠固定，用专用工具安装； ⑤ 静触头及屏蔽罩的 R 弧确认合格后再安装； ⑥ 所有的弹簧、卡簧、板簧在组装前要求干净无毛刺。 提示： ① 铜钨触头质量进厂验收、铜钨合金化学成分及物理性能（密度、硬度、电阻率、抗弯强度、金相组织）等符合 GB/T 8320—2017 铜材抽样试验结果，物理试验等均符合 GB/T 2040—2017； ② 喷嘴材料进厂验收：喷口材质满足产品技术文件要求，依据 GB/T 11030—2008 对该部件密度、依据 GB/T 1040.1—2018 对该部件拉伸强度断裂伸长率、依据 GB/T 1408.1—2016 对该部件介电强度进行文件见证； ③ 灭弧室组装； ④ 合闸电阻（如有）和均压电容外观、质量检查	铜钨触头、喷嘴材料、合闸电阻（如有）和均压电容进厂检测报告
		传动件	外观及机械特性	R/W	核查试验报告，必要时抽检	提示： ①零部件机械强度检查； ②形位公差测量、外观检查	
		操动机构	机械特性	R/W	核查出厂试验报告及进厂检查记录或装配工序卡，必要时抽检	提示： ①弹簧、液压、气动机构检查，应根据不同机构特点进行； ②核对机构的生产厂家、型号规格等	提供机械特性试验报告

89

序号	见证项目	见证内容	见证方式	见证方法	见证要点	补充监造要求及监造资料留存方式
2	隔离开关、接地开关及操动机构	部件装配及参数、性能检查	R/W	查验原厂质量证明书及检验报告、进厂验收记录并与订货技术协议及标准对照、制造厂工艺质量文件	要求： ①接地开关的接地端子应与外壳绝缘后再接地； ②装配后运动部位要灵活、无卡滞。 提示： ① 现场见证壳体清理、绝缘件检查、密封面(槽)以及导体装配检查； ② 机构生产厂家、型号规格见证； ③ 机构外观、结构、性能检查； ④ 装配尺寸、回路电阻、操作灵活性检查	机构原厂质量证明书及检测报告，进厂验收记录单
3	母线	母线导体及其连接	W	查验原厂质量证明书及检验报告、进厂验收记录并与订货技术协议及标准对照	要求： ① 装配前清点所有零部件，检查是否有合格证； ② 装配时要用专用工装和专用工具，确保各部位机械尺寸和导体对中；工装也要清理干净；母线纵轴中心与支持绝缘子中心应对中，母线紧固件不应有偏差所产生的安装应力； ③ 壳体内部、绝缘件、导体表面清洁干净，密封面平整光滑，无划伤、磕碰； ④ 导体镀银层厚度、硬度、均匀度合格，表面无划痕、磕碰； ⑤ 静触头屏蔽罩螺钉不得高于图纸要求尺寸； ⑥ 螺栓紧固要按标准使用力矩扳手，并做紧固标记； ⑦ 测量回路电阻满足技术文件要求； ⑧ 母线连接应接触良好，且结合深度满足设计要求，限位良好。 提示： ① 注意测量导体端面与罐体法兰端面的尺寸符合图纸要求，装后注意防尘； ② 母线材质为电解铜或铝合金，母线的导电接触部位表面应镀银	原厂质量证明书及检验报告、进厂验收记录

续表

序号	见证项目	见证内容		见证方式	见证方法	见证要点	补充监造要求及监造资料留存方式
4	电流互感器	4.1	各项特性参数与外观	R/W	查验原厂质量证明书及检验报告、进厂验收记录并与订货技术协议及标准对照、制造厂工艺质量文件	该项见证内容重点包括： ①精度； ②绕组伏安特性； ③变比； ④直流电阻； ⑤外形尺寸及外观检查； ⑥生产厂家	
		4.2	装配工艺			提示： ①装配过程避免磕碰划伤； ②各参数对应线圈装配顺序； ③线圈与支持外壳间/各线圈间的隔板及紧固； ④装后各线圈标记并清理外壳体内部； ⑤绝缘电阻及绝缘耐受试验； ⑥CT装配后极性正确性； ⑦检查绕组数量、容量、准确级、变比等应符合订货技术协议要求	
5	电子式互感器（若有）	5.1	各项特性参数与外观	R/W		提示： 该项见证内容重点包括： ①准确度试验（包括温度循环试验）； ②极性试验； ③端子标志检验； ④一次端的工频耐压试验（与一次设备集成后）； ⑤局部放电测量（与一次设备集成后）； ⑥电气单元的工频耐压试验； ⑦连续通电试验； ⑧外形尺寸及外观检查； ⑨生产厂家	
		5.2	装配工艺			提示： ①装配过程应保护好传输线缆，避免挤压、刮碰等； ②吊装、对接过程应避免受到撞击等	

序号	见证项目	见证内容		见证方式	见证方法	见证要点	补充监造要求及监造资料留存方式
6	电压互感器	6.1	各项特性参数与外观	R/W	查验原厂质量证明书和检验报告、进厂验收记录并与订货技术协议及标准对照、制造厂工艺质量文件	该项见证内容重点包括： ① 实物外观无异常、包装完好； ② 密封性能试验、工频耐压试验符合国家标准； ③ 局部放电测量； ④ 其他试验均符合订货技术协议规定； ⑤ 生产厂家	
		6.2	装配工艺			提示： ① 按技术图纸和装配工艺要求进行装配； ② 法兰对接面、金属密封面等应清洁、光滑； ③ 螺栓紧固应使用力矩扳手按标准力矩和工艺要求进行紧固作业； ④ 检查绕组数量、容量、准确级、变比等应符合订货技术协议要求； ⑤ 励磁特性试验结果应符合设备订货技术协议	
7	避雷器	7.1	各项特性参数与外观	R/W	查验原厂质量保证书和检验报告、进厂验收记录与GB/T 11032—2020交流无间隙金属氧化物避雷器和订货技术协议对照、制造厂工艺质量文件	提示： 该项见证内容重点包括： ①标称放电电流残压（峰值）； ②直流1mA参考电压； ③ 0.75倍直流参考电压下泄漏电流； ④工频3mA参考电压（峰值/$\sqrt{2}$）； ⑤持续运行电压 U_c 下全电流（有效值）； ⑥持续运行电压下阻性电流（峰值）； ⑦局部放电测量（不大于10 pC）； ⑧ SF$_6$ 气体含水量（允许值250ppm）进行文件见证； ⑨生产厂家	
		7.2	装配工艺			提示： ① 装配用的阀片特性和参数应符合设计和设备技术条件要求； ② 按技术图纸和装配工艺要求进行装配； ③ 法兰对接面、金属密封面等应清洁、光滑； ④ 螺栓紧固应使用力矩扳手按标准力矩和工艺要求进行紧固作业； ⑤ 检查结构尺寸应符合设计图纸要求，动作计数器等附件应无缺少或损坏	

序号	见证项目	见证内容		见证方式	见证方法	见证要点	补充监造要求及监造资料留存方式
8	外壳	8.1	材质检查和试验报告	R	查验原厂质量保证书和检验报告，对照图纸和订货技术协议，记录牌号，厚度和设计要求相符	提示： ① 材料板（管）材质及厚度，除壳体主筒的材料外，还要注意特殊部位所用特殊材料； ② 材料的牌号、规格，要求设计图纸、见证文件和实物统一	原厂质量保证书、检验报告、图纸、订货技术协议、监造见证文件等纸质资料应留存扫描件
		8.2	外观尺寸检查	W	现场观察实物，对照设计图纸和工艺质量文件，查看质检员的检验记录	要求： ① 外壳整体尺寸符合图纸要求； ② 外壳上各类出口法兰位置方向正确； ③ 外壳各密封面平整、光滑、公差符合图纸要求	①监造见证文件等纸质资料应留存扫描件； ②实物应拍照留存
		8.3	焊接质量检查和探伤试验	R/W	①现场观察实物，对照工艺质量文件，查看焊接设备、探伤试验设备状况是否良好，审查施工人员资质； ②查验探伤试验报告	要求： ① 焊缝饱满、无焊瘤、夹渣； ② 喷砂处理前，应彻底磨平和清理各部位尖角、毛刺、焊瘤和飞溅物，不留死角； ③ 承重部位的焊缝高度符合工艺质量文件要求； ④ 探伤结果符合技术要求。 提示： ① 对焊接的外壳，制造厂应规定焊缝质量的要求，以及焊缝无损探伤的方法和范围； ② 对于有修正的部位要补焊充分、饱满并打平； ③ 根据实际情况选用 R 或 W 见证方式	①工艺质量文件、人员资质、探伤试验报告、监造见证文件等纸质资料应留存扫描件； ②实物应拍照留存
		8.4	压力试验	W	①现场观察试验过程，对照质量文件要求，检查设备和压力表是否完好，在检定周期内，人员要有上岗证； ②记录表压和保压时间	要求： ① 试验压力和保压时间必须符合设计要求； ② 检查试品无渗漏、无可见变形，试验过程中无异常声响。 提示： 所有外壳制造完毕，应进行压力试验，试验压力应为设计压力的 k 倍（对于焊接外壳，$k=1.3$；对于铸造外壳，$k=2.0$）	①质量文件、监造见证文件等纸质资料应留存扫描件； ②实物应拍照留存，试验重点过程应拍摄视频并留存

序号	见证项目	见证内容		见证方式	见证方法	见证要点	补充监造要求及监造资料留存方式
9	出线套管（绝缘复合套管、瓷套管）	9.1	各项参数与外观	W	①查验原厂试验报告和质量保证书；②现场核对实物（必要时查看制造厂的采购合同）、制造厂工艺质量文件	要求： ① 实物密封面光洁，表现无损伤和裂痕； ② 确认套管生产厂和型号、编号，要求实物与订货技术协议要求，设计文件标识，见证文件四统一。 提示：注意套管实际爬距，要满足以下订货要求。 ① 外观及尺寸检查：外观清洁、光亮、平整、无缺陷；结构高度、筒内径、爬电距离、法兰端面平行度、法兰与内孔同轴度、法兰安装孔位置度； ② 例行内压试验：要求无泄漏、损伤； ③ 弯曲负荷试验：要求卸除负荷后无偏移； ④ 工频耐受试验：要求无闪络、无击穿； ⑤ 局部放电量≤ 5pC； ⑥ SF_6 气体密封性试验和湿度检验	
		9.2	装配工艺			提示： ① 套管与导电杆装配形位公差、同心度应符合设计图纸和装配工艺要求； ② 回路电阻检查：回路电阻应符合设备技术条件要求，应采用不低于100A 直流压降法进行测量； ③ 对于复合套管，装配过程必须严格按工艺装配作业指导书的要求，重点注意屏蔽罩装配后的间隙需均匀，螺栓拧紧力矩必须按要求执行，注意吊装、对接过程中避免部件受损及产生磕碰、划伤等，装配各环境应注意套管内部的灰尘、杂质、尖角及毛刺清理	

序号	见证项目	见证内容		见证方式	见证方法	见证要点	补充监造要求及监造资料留存方式
10	伸缩节	各项特性参数与外观		R/W	查验原厂质量证明书和检验报告、进厂验收记录，现场核对实物（必要时查看制造厂的采购合同）	提示： ① 确认伸缩节生产厂和伸缩节的型号，要求实物与订货技术协议要求、设计文件、见证文件四统一； ② 外观检测特别是密封面无损伤、划痕、腐蚀，注意伸缩节的材质、螺杆、螺母的防锈处理方式； ③ 伸缩节波数、尺寸； ④ 依据 JB/T 10617—2006 及订货技术协议核对设计温度、设计压力、外形尺寸、安装补偿量（轴向与径向）、SF$_6$气密、水压试验无泄漏和永久性变形	①原厂质量证明书、检验报告、进厂验收记录、监造见证文件等纸质资料应留存扫描件； ②实物应拍照留存
11	盆式、支持绝缘子	11.1	材质检查	R	查验原厂质量证明书和检验报告（必要时查看制造厂的采购合同）	要求： 设备名称和生产厂、检验项目和检测结果符合技术标准和订货技术协议要求	原厂质量证明书、检验报告、制造厂的采购合同、监造见证文件等纸质资料应留存扫描件
		11.2	外观及尺寸检查	R/W	现场观察实物，对照图纸、查验实物	要求： ① 表面光滑、颜色均匀、无划痕、无裂纹； ② 各部尺寸符合图纸和公差要求； ③ 密封面平整光滑； ④ 嵌件导电部位镀银面无氧化、起泡、划痕； ⑤ 螺孔内无残留物	①监造见证文件等纸质资料应留存扫描件； ②实物应拍照留存
		11.3	机械、密封性能试验（水压、检漏）	R/W	现场观察试验操作过程，对照图纸和工艺质量文件，记录试验压力和保压时间	要求： 按设计要求压力和保压时间打水压和检漏，无渗漏、裂纹等异常。 提示： ① 确认压力表有效、准确； ② 操作人员有上岗证	①图纸、工艺质量文件、监造见证文件等纸质资料应留存扫描件； ②实物应拍照留存、试验重点过程应拍摄视频并留存； ③试验报告

序号	见证项目	见证内容		见证方式	见证方法	见证要点	补充监造要求及监造资料留存方式
11	盆式、支持绝缘子	11.4	探伤试验	R/W	现场观察试验操作过程	要求：绝缘子内部无裂缝、裂纹、气泡等异常缺陷	①监造见证文件等纸质资料应留存扫描件；②实物应拍照留存、试验重点过程应拍摄视频并留存；③X射线探伤报告
		11.5	电气性能试验（工频耐压、局部放电）	R/W	现场观察试验过程，记录SF₆气体压力值、电压值和时间。记录局放值	要求：① 按设计技术要求的气压、电压和时间无破坏性放电；② 局放值小于技术要求（单件≤3pC）；③ 126kV及以上的盆式绝缘子应逐支进行工频耐压和局放试验，252kV及以上的GIS用盆式绝缘子还应逐支进行X光探伤检测，以上试验应由GIS制造厂完成。提示：① 确认工频试验变压器和局部放电测量仪完好、准确；② 操作人员有上岗证	提供绝缘件检测工艺文件、每个绝缘件X射线探伤试验、工频耐压试验和局部放电试验检测报告。绝缘件应标记某某专用。提供图片或短视频，至少涵盖耐压试验的升压过程、局放方波校准、绝缘子工装拆装过程，尤其是耐压计时、电流示数、局放仪图谱
12	汇控柜	尺寸及特性		R/W	核查试验报告必要时抽检	提示：①该见证内容包括形位公差及控制元器件、操动电源核对；②二次走线应与GIS的接地线保持一定距离；③要防止内部故障短路电流发生时在二次线上可能产生的分流现象。要求：①接线正确，无松动，电气试验合格，应符合GB 50171—2012的要求；②汇控柜装配应满足防水、防潮、防锈、防小动物的要求；③外壳防护等级应符合订货技术协议要求	

序号	见证项目	见证内容	见证方式	见证方法	见证要点	补充监造要求及监造资料留存方式
13	电缆终端、变压器连接装置	结构性能、接口尺寸配合	W	现场观察实际装配过程、对照图纸、工艺质量文件、相关标准是否符合要求	要求： ① 壳体内部、绝缘件、导体表面清洁干净，密封面平整光滑； ② 导体端面与壳体法兰端面尺寸符合图纸要求； ③ 导体应接触良好。 提示： ① GIS 应设计成能安全地进行下述各项工作：正常运行、检查和维修、引出电缆的接地、电缆故障的定位、引出电缆或其他设备的绝缘试验、消除危险的静电电荷、安装或扩建后的相序校核和操作联锁等； ② GIS 中和电缆保持连接的部分应能耐受电缆技术规范对同一额定电压的电缆规定的试验电压； ③ 如果不允许对 GIS 的其余部分施加电缆的直流试验电压，则对电缆试验采取特殊的措施（例如，可动或可拆卸的连接和 / 或增加电缆连接外壳中绝缘气体的密度）	
14	SF$_6$ 密度继电器	外部特性	R/W	查验原厂质量证明书和试验报告、进厂验收记录并与订货技术协议及标准对照，必要时抽检	要求： ① 应分别符合订货技术协议及相关技术要求； ② 应有自封接头，方便现场拆卸。 提示： ① 每个封闭压力系统（隔室）应设置密度监视装置； ② 制造厂应给出补气报警密度值； ③ 对断路器室还应给出闭锁断路器分、合闸的密度值； ④ 低气（或液）压和高气（或液）压闭锁装置应在制造厂指明的合适的压力极限上（或内）操作	

序号	见证项目	见证内容	见证方式	见证方法	见证要点	补充监造要求及监造资料留存方式
15	压力释放装置	参数特性	R/W	查验原厂质量证明书和检验报告、进厂验收记录并与设计要求对照	要求： ① 压力释放装置的动作压力应与外壳设计压力配合； ② 实物外观无异常； ③ 压力释放装置的布置位置合理性。 提示： 依据 GB 567—2012 及订货技术协议对爆破材料、标准爆破压力、爆破压力允差等进行文件见证	防爆膜铭牌照片，显示防爆膜材料、标准爆破压力、爆破压力允差的文件照片，安装前检查记录表
16	SF₆气体及SF₆气体管路	各项参数	R	查验原厂质量证明书及检验报告、进厂验收记录并与订货技术协议及标准对照	要求： SF_6 气体符合 GB/T 12022—2014 要求。SF_6 气体管路符合订货技术协议、制造厂工艺质量文件要求	气体管路固定形式照片、留存纸质或电子扫描版进厂验收记录及验收见证照片
17	吸附剂及安装吸附剂的防护罩	各项参数	R	查验原厂质量证明书及检验报告、进厂验收记录并与订货技术协议及标准对照	提示： ① 查看吸附剂生产厂家、重量检查。防护罩外观、材质检查； ② 吸附剂罩的材质应选用不锈钢或其他高强度材料，吸附剂罩应与罐体安装紧固，吸附剂的成分和用量应严格按技术条件规定选用。 要求： 满足订货技术协议、制造厂工艺质量文件要求	①提供吸附剂材质单、吸附剂罩材质及能够说明吸附剂罩安装牢固的照片； ②原厂质量证明书、检验报告、进厂验收记录、订货技术协议及标准、监造见证文件等纸质资料应留存扫描件
18	密封圈	外观质量	R/W	查验原厂质量证明书及检验报告、进厂验收记录并与订货技术协议及标准对照	要求： ① 与技术协议要求一致、表面光滑、尺寸符合图纸要求； ② 制造厂应严格按工艺文件要求涂抹硅脂，避免因硅脂过量造成盆式绝缘子表面闪络。 提示： 注意材质生产厂	
19	支架及底架	外观质量	R/W	订货技术协议、设计图纸要求	要求： 符合制造厂工艺质量文件、订货技术协议、设计图纸要求	

第8章　GIS整体装配过程、GIS接地监造要点及要求

1. GIS单元的清洁度

GIS单元的清洁度是装配过程中最重要的质量控制要点，其关系到GIS设备能否试验合格、顺利出厂。在清洁时，要先使用细纱布或百洁布去除罐体及各导电元件上的毛刺及污痕，再使用高纯丙酮、酒精及工业无尘纸等物品擦拭罐体内壁及元器件，以保证气室内无杂质。在GIS整体装配过程中，应重点控制此项。

2. GIS整体装配过程监造要点

（1）查看各元部件（如断路器等）的装配质量。

（2）各元部件按设计图纸要求进行组装。

（3）查看外壳筒体外观是否完好，筒体内部应清洁、无凸起物、无焊渣。

（4）密封圈表面应光滑、无划伤，密封圈完整，应严格按工艺文件要求涂抹硅脂，避免因硅脂过量造成盆式绝缘子表面闪络。

（5）盆式、支持绝缘子按工艺要求清洁。

（6）用清洁剂清洁金属密封面、法兰对接面，表面应清洁、无毛刺。

（7）伸缩节组装符合工艺要求。

（8）螺栓紧固使用力矩扳手，按标准力矩和工艺要求进行紧固作业。检查螺栓力矩标记，防止松动，记录力矩。

（9）严格按制造厂工艺要求安装吸附剂。

（10）采用电流强度不低于100A的直流压降法测量主回路各部分导电回路电阻，其值应符合技术条件规定。

（11）220kV及以上电压等级GIS应加装内置局部放电传感器（根据确认后的图纸、技术协议或设联会纪要要求进行见证）。

（12）组合电器相间连板及跨接片部位涂防水胶，防止结冰，满足投标文件、制造厂工艺质量文件要求。

表8-1所示为GIS整体装配过程监造要点。

表 8-1 GIS 整体装配过程监造要点

序号	见证项目	见证点	见证方法	见证方式
1		运输单元（间隔）装配		
1.1	运输单元的元部件组合	7.1.1 检查各元部件，如断路器、隔离开关、接地开关、母线及分支母线、电流互感器等，按各自工艺要求完成装配工作，并通过质量检查	①现场查看；②检查记录	R/W
		7.1.2 各元部件应完整、无损，清洁度符合质量要求		
		7.1.3 用清洁剂彻底清洁密封圈，杜绝异物残留；对接法兰时，要确保"O"形圈不被挤出；不允许用使用过的密封圈		
		7.1.4 用清洁剂彻底清洁金属密封面（槽），密封面（槽）应干净、光洁、无毛刺		
		7.1.5 用清洁剂彻底清洁法兰对接面（槽），对接面应干净、光洁、无毛刺		
		7.1.6 盆式绝缘子、绝缘件的表面的最终清洁不许使用已用过的白布，必须用未使用过的清洁白布，并按工艺要求进行清洁，盆式绝缘子、绝缘件应洁净、无受潮、无气泡、无伤痕		
		7.1.7 组装用的螺栓、密封垫、清洁剂、润滑剂、密封脂和擦拭材料符合产品的技术规定		
		7.1.8 伸缩节组装 a. 伸缩节尺寸符合技术图纸要求； b. 严格按工厂工艺要求，在装配母线时，导电杆动触头插入梅花静触头的深度必须达到要求，测量导体相关尺寸、插入深度及导电回路电阻值，应符合产品技术条件规定		
		7.1.9 按设计图纸要求，把各元部件组装起来，对 GIS 罐体法兰与盆式绝缘子的连接、罐内导体与绝缘件的连接、罐体法兰端面间的连接应使用力矩扳手按标准力矩和工艺要求紧固螺栓；外露的螺栓按力矩要求紧固好以后，应做紧固标识线		
		7.1.10 严格按工厂工艺要求安装吸附剂（吸附剂取出后应15分钟内安装完毕），装配应正确、适量、无漏装，其防护罩应装配牢固。吸附剂若需要高温烘焙，烘焙时间应不少于3小时		

续表

序号	见证项目	见证点	见证方法	见证方式
1.2	SF$_6$气体系统	7.2.1 SF$_6$密度继电器应完好，应有合格证、出厂试验报告；充气检查密度继电器在SF$_6$报警泄漏信号压力值、闭锁信号压力值、额定压力值时，其精度符合五通及技术要求		
		7.2.2 SF$_6$管道装配应符合图纸要求，管道及接头应无泄漏，标准参照主密封要求即可，优先采用双密封结构		
		7.2.3 核对密度继电器的接口阀门是否与供货技术协议所要求的相符		
1.3	GIS的接地	7.3.1 GIS设备接地线的材料应为铜质，接地线的接触部分应采用搪锡处理，接地线标识的颜色为黄绿相间；紧固接地螺栓的直径不得小于M16（126kV至少M12），接地点应有接地符号标识		
		7.3.2 GIS设备所有壳体、支撑架等的相互电气连接应采用紧固连接（螺丝连接或焊接），以保证电气上通		
		7.3.3 每个气室的绝缘盆子两侧外壳法兰应互连，接触要良好，并可靠接地，接地回路应满足短路电流的动、热稳定要求；凡不属于主回路或辅助回路接地的所有金属部分都应接地		
		7.3.4 接地开关的接地端子应与外壳绝缘后再通过独立的铜导体接地		
		7.3.5 主回路应能接地，以保证维修工作的安全；在外壳打开后的维修期间，应能将主回路连接到接地极	①现场查看；②检查记录	R/W
1.4	防锈、防腐	7.4.1 外壳油漆厚度、附着力应符合工艺要求		
		7.4.2 目测外壳油漆表面光洁、均匀		
		7.4.3 外壳油漆颜色应与供货技术协议要求的颜色一致		
1.5	联锁性能	断路器、隔离开关、接地开关的相互联锁性能应符合产品技术要求		
1.6	汇控柜	7.6.1 二次接线应符合产品技术图纸的规定和要求		
		7.6.2 二次接线端子和端子排标识应清楚		
		7.6.3 汇控柜内配置的元器件的型号、规格应符合设计要求与供货技术协议要求；所有电气元件和部件安装位置应正确，固定应牢靠		
		7.6.4 二次回路通电检查接线回路应正确、动作应正常		
		7.6.5 汇控柜应设置供接地用的接地铜排和接地端子，铜排截面积不小于4mm×25mm。接地点应有接地符号标识		
		7.6.6 汇控柜的装配应满足防水、防潮、防腐、防锈、防小动物的要求		
		7.6.7 外壳防护等级应符合供货技术协议要求（防护等级符合要求）		

3. GIS接地见证要点

表8-2所示为GIS接地见证要求。

表 8-2　GIS 接地见证要求

序号	见证项目	见证内容	见证方式	见证方法	见证要点
1	平面布置图或基础图	接地标注	R/W	对照、确认	提示： 制造厂在提供的 GIS 平面布置图或基础图上，应标明与接地网连接的具体位置及连接的结构
2	接地连线	材质	R/W	查看、确认	提示： GIS 的接地连线材质应为电解铜，并标明与地网连接处接地线的截面积要求（符合设计联络会及订货技术协议）
3	外壳	接地方式	R/W	对照、查验、确认	提示： 当采用单相壳式钢外壳结构时，应采用多点接地方式，并确保外壳中感应电流的流通，以降低外壳中的涡流损耗
4	间隔底架	接地及紧固	R/W	对照、查验、确认	提示： ① GIS 设备的每个间隔底架上均应设置可靠的适合于规定故障条件的接地端子，该端子应有一紧固螺钉或螺栓用来连接接地导体； ②紧固螺钉或螺栓的直径应不小于 12mm； ③接地连接点应标以 GB/T 5465.2—2008 规定的"保护接地"符号，和接地系统连接的设备的金属外壳部分可以看作接地导体
5	主回路	接地	R/W	对照、查验、确认	提示： 为保证维修工作的安全，主回路应能接地。另外，在外壳打开以后的维修期间，应能将主回路连接到接地极。凡不属于主回路或辅助回路的且需要接地的所有金属部分都应接地

4. GIS接地的作用与理论解析

GIS 变电站是占地面积远小于常规变电站的紧凑型变电站，它与常规变电站的接地最大的不同是所有的金属外壳均需要接地。因此，如果只用常规的接地，可能很难满足GIS接地要求。这就需要采取适当的措施满足它的接地要求，一种办法是在常规变电站接地设计中满足GIS所提出的要求；还有另一种办法，先是GIS自身设计专门辅助地网，然后与变电站的主地网连接。

GIS设备中的接地主要分为主回路接地、外壳接地、辅助和控制设备接地。

1）主回路接地

需要触及和可能触及的主回路所有部件均应能够可靠接地；如果连接的回路

有带电的可能性（如线路），则应采用具有额定短路关合能力的接地开关接地；如果能够确认连接的回路不会带电，可以采用没有关合短路能力或关合能力小于额定关合能力的接地开关接地。接地开关的接地端子要与GIS的外壳绝缘后再接地，其耐压水平一般不低于工频交流10kV。

2）外壳接地

GIS的外壳应采用多点接地方式，所有属于主回路和辅助回路的金属部件均应接地，如操动机构箱、汇控柜、所有金属支架和构架等。由于电磁感应的作用，GIS的外壳会产生与主回路导体中流过电流相反的感应电流，而连续型外壳为感应电流提供了回流电路。对于三相共箱式GIS，在三相电流平衡时，外壳中几乎没有电流；对于三相分箱式GIS，外壳中的电流可能达到主回路电流的60%以上。如果主回路发生单相对地短路，无论是共箱式还是分箱式，外壳中会流过很大的感应电流。所以，必须保持外壳的电气连续性，特别是外壳中的伸缩节、无金属法兰边的盆式绝缘子及各个元件的壳体之间均应采用金属导体跨接，以保证外壳的电气连续性。

3）辅助和控制设备接地

GIS的辅助和控制设备的箱体和外壳应该接地，而辅助和控制设备的箱体内还要设置专供接地用的铜排和接地端子，铜排的截面应不小于4mm×25mm。箱柜内所有不带电的金属部件要与接地铜排可靠连接，连接线的截面要与接地铜排相同。箱柜内的专用接地铜排至少要在两个位置上，通过外壳的接地连接线，与GIS的接地网相连。

第9章　GIS出厂试验监造要点及要求

1. GIS出厂试验监造要点

出厂试验的目的是发现GIS产品所使用的材料、元器件、装配和生产过程中可能存在的缺陷和问题，以确保每套出厂的产品的技术性能和质量水平符合技术条件的规定和用户的技术要求。GIS出厂产品的主要元件，如断路器、隔离/接地开关、主母线等，以及其布置和连接方式应当与经过型式试验的设备相同，技术参数应与型式试验的参数一致。

出厂试验原则上应在装配完整的产品上进行，如果试验场地受到限制，可以适当减少连接元件，但应包括所有的连接形态。根据试验的性质，GIS产品的主要出厂试验应在功能单元或运输单元上进行，某些试验可以在元件上进行。

1）设计和外观检查

设计和外观检查应在GIS设备全部分装、总装完成之后，以及产品出厂试验前进行。监造工程师应进行产品的设计和外观检查，检查的重点在于产品设计是否符合产品设计技术文件和图纸要求，产品外观是否符合设计和工艺文件要求。

产品外观检查：

①外观面漆颜色符合设计要求，喷漆表面光洁、无划痕，油漆附着力强、无起皮；

②断路器、隔离开关、接地开关设备分合闸指示正确，易于观察；

③气室标识是否完整、正确。

2）断路器机械操作和机械特性试验

现场见证试验过程包括环境温湿度、气体压力、间隔名称、机械动作次数、行程、超程、开距、分闸和合闸时间、分闸和合闸不同期、分闸和合闸速度及行程—时间特性曲线、机械操作过程。

机械动作次数：查看断路器进行200次机械动作磨合，完成后开仓清理，记录动作次数。

机械操作过程（此处为举例说明，具体参照供应商提供的试验方案）：

①查看最高（或最低）操作电压和最高（或最低）操作液（或气）压力下，连续分合5次；

②查看在30%额定操作电压下，配额定操作液（或气）压力，连续操作3次，不得分闸；

③查看具有防跳跃装置的断路器，进行3次正常的防跳跃试验。

试验结果的分析与判断：机械操作试验中及试验后，试品应能正常操作，具有负载其额定电流、关合和开断额定短路电流的能力，以及耐受额定绝缘水平的电压值。整个试验中及试验后，不得出现超出产品技术条件规定的渗漏，且不得出现拒分、拒合、误分、误合，以及影响产品正常运行的异常现象和故障，辅助开关应接触可靠、切换正常。试验后，高压开关设备性能应符合产品标准或技术条件规定的机械操作性能的要求，试品机械特性和回路电阻应符合技术条件的有关规定，所有零部件都不允许显示出对运行有不利影响或妨碍可更换零部件正常配合的过度磨损或永久变形。

3）隔离/接地开关机械操作和机械特性试验

现场见证试验过程包括环境温湿度、气体压力、间隔名称、机械动作次数、行程、超程、开距、分闸和合闸时间、分闸和合闸同期（适用隔离开关）、分闸和合闸速度及行程—时间特性曲线（适用快速接地开关）。

机械动作次数：查看隔离、接地开关进行200次机械动作磨合，完成后开仓清理，记录动作次数。

4）主回路电阻测量

主回路电阻测量应采用型式试验时的电流值，测得的电阻值不应超过型式试验温升试验前电阻值的 1.2 倍。如果出厂试验中主回路的装用元件与型式试验时不同，如分支母线、扩展的主母线等，应结合型式试验时各元件的电阻试验数据，通过计算得出工程所用主回路电阻的参考值。出厂试验测得的回路电阻值应在参考值允许的范围内。

GIS 设备主回路直流电阻的测量，主要包括断路器、隔离开关和接地开关动、静触头的接触电阻，也包括母线接头的接触电阻。回路电阻测量的作用是保证断路器的正常工作和短路电流通过时的切断性能，是保证 GIS 设备安全运行的重要环节。

现场见证试验过程包括环境温湿度、仪器仪表、间隔名称及其电阻值。运输单元（间隔）的主回路电阻可在装配完成后对总回路电阻值及有关回路电阻值分别进行测量，并应有测量回路布点示意图。总装后的主回路电阻可在总装配完成后进行测量，总回路电阻值及各个回路电阻值分别测量，并应有测量回路布点示意图。高压开关处于合闸位置时测得电阻不超过 $1.2R$（R 是型式试验时测得的相应的电阻）。

5）气体密封性试验

关于GIS设备气室的密封性，是保证产品绝缘和开关设备灭弧的重要基础，外壳内部各个气室都必须要求具有高度密封性。制造厂应按订货技术规范和标准规定，确定GIS每个封闭压力系统或隔室允许的相对漏气率。

整套GIS产品均应经过密封试验，试验可以根据制造过程在不同阶段分别对产品的总装、功能/运输单元、分装或元件进行试验。密封试验应采用较为准确的扣罩法，产品密封24小时后进行检漏。

现场见证试验过程包括GIS充入SF_6气体至额定压力、包扎后静置24小时进行检测、包扎方式、静置时间、漏气率、记录仪器型号和精度。其精度不低于$0.01\mu L/L$；记录测试结果，确认合格（每个隔室应不大于0.5%/年）。

6）SF_6气体水分含量测定

根据 DL/T 593—2016 的要求，GIS 在工厂装配好后应进行 SF_6 气体的湿度测量，以判断完成全部组装后充入合格的新 SF_6 气体后，产品的微水是否符合要求，从而证明组装在壳体内的各个部件的干燥处理是否合格。这个要求对工厂来说可能复杂了一些，但是这可以杜绝湿度不合格的产品出厂，而且如果发生安装完成后现场湿度测试超标，可以说明并非出厂时不合格，而是在现场安装时所造成的，能够分清责任。要杜绝现场湿度测试超标的现象，这是因为在现场再进行干燥处理是非常困难的。

对充入GIS设备内的SF_6气体，应按规定进行设备中SF_6气体的水分含量测定，试验应至少在充气48小时后进行。在试验时，应记录当时的环境温度和湿度，按要求将测试值换算到20℃时的数值。

现场见证试验过程包括GIS充入SF_6气体至额定压力、充气后48小时检测微水含量、记录仪器型号和精度。记录测定结果（环境温度为20℃），有电弧分解物气室≤$150\mu L/L$，无电弧分解物气室≤$250\mu L/L$，确认合格。

7）辅助回路绝缘试验

现场见证试验过程包括施加工频电压2kV/min（2500V/s），加压后有无闪络或破坏性放电。记录仪器型号，是否在校验周期内使用，核对试验人员的资质证明。查看隔离开关、接地开关与有关断路器之间联锁，各操作5次；查看隔离开关与接地开关之间联锁，各操作5次。

8）主回路的绝缘试验

主回路的绝缘试验是为了检验 GIS 中各元件的零部件加工质量、各元件装配质量、装配过程中清洁度的控制水平、是否存在异物，以及各种固体绝缘部件是否存在缺陷。根据现行标准，主回路的出厂绝缘试验只进行工频耐压试验和局部放电检测，但运行经验表明有许多产品出厂时虽然通过了工频耐压试验，局部放电检测也合格，但在投入运行后仍然发生内部放电故障。这说明出厂试验只进行工频耐压试验，对GIS来说可能还不能发现产品内部可能存在的某些绝缘缺陷。交流工频电压试验对检查产品内部可能存在的活动的导电微粒等异物比较敏感，但是对检查固定的电场结构的缺陷灵敏度较差，如电极损伤、碰坏、凸起、毛刺、加工缺陷等。因此，电力运行部门提出了在1000kV工程中，GIS产品除进行工频耐压试验外，还需增加雷电冲击耐压试验及相关的试验要求，目前已在252kV及以上的GIS出厂试验中得到实施。

（1）交流工频电压试验

GIS设备交流耐压试验的目的，是检查GIS设备总体装配后的绝缘性能是否满足产品技术规范和国家标准的要求，检查GIS设备是否存在各种隐患，避免导致设备内部故障。

试验前检查试品状态，记录气体压力，检查分合闸位置、接线符合试验方案规定；现场见证试验过程包括试验电压、加压方式和有无放电现象。

试验电压：查看按规定数值选取，并符合技术协议要求。对地、相间和开关断口间均采用通用值。施加工频电压至规定值1分钟，无破坏性放电，确认合格；加压方式：查看对地、相间和断口（如果每相独立封闭在金属外壳内，仅需进行对地试验）。三相共箱GIS还必须做相间交流耐压。

（2）局部放电试验

GIS设备局部放电测量是一种检查受试设备某些缺陷的合适方法，是对绝缘试验有益的补充，GIS设备的局部放电试验包括树脂浇注绝缘件的局部放电试验、元件的局部放电试验及完整间隔的局部放电试验。

试验前检查试品状态，记录气体压力，检查分合闸位置，接线符合试验方案规定；现场见证试验过程包括试验程序、试验电压、各间隔名称及局部放电量。

按GB/T 7354—2018、GB/T 7674—2020中介绍的测量方法进行。局部放电试验只对全部导体对地和三级外壳相间进行，不在断口间进行。试验程序及试验电压，按GB/T 7674—2020中表106规定的加压程序及测量电压值进行局放量测量。在耐压试验后紧接着进行，也可与耐压试验同时进行。外施工频电压升到预加值，该预加值等于工频耐受电压并保持在该值1分钟，在这期间出现局部放电应不予考虑。然后，电压降到规定值进行测量，这些规定值取决于进行局放量的设备结构和系统的中性点接地方式，记录间隔局放量，一个间隔局放量不应大于5pC。

（3）雷电冲击试验

雷电冲击电压试验的目的主要是检测GIS内部绝缘是否有缺陷，对GIS内部存在的金属微粒、杂质、尖端毛刺、装配松动等情况较为敏感，在工厂内进行该项试验，可有效发现此类问题。

试验前检查试品状态，应充 SF_6 气体处于最低功能压力下，检查分合闸位置、接线符合试验方案规定；现场见证试验过程包括试验电压、加压方式和有无放电现象。

252kV 及以上设备还应进行正负极性各3次雷电冲击耐压试验；在不影响产品性能的前提下，可在单个功能单元、单个间隔、两个间隔或多个间隔上进行，视需要定。试验电压按DL/T 593—2016或GB/T 7674—2020中表102、表103规定的数值选取，并符合技术协议。加压方式：对地、相间（如果每相独立封闭在金属外壳内的，仅需进行对地试验）及分开的开关装置断口间进行。SF_6 气体压力应为最低功能压力，可在功能单元或单个间隔上进行。在正、负两种极性的电压下各进行3次雷电冲击全波。

2. GIS出厂试验见证要点及补充监造要求

国家电网某市电力公司在监造作业规范基础上添加了部分补充要求，具体如表9-1所示。

表 9-1　GIS 出厂试验见证要点及补充监造要求

序号	见证项目	见证内容和方法		见证方式	见证依据	见证要点	补充监造要求及监造资料留存方式
1	机械操作和机械特性试验	断路器	1.1 主要机械尺寸测量：行程、超程、开距	W	订货技术协议、出厂试验方案、GB/T 7674—2020、GB/T 1984—2014、GB/T 1985—2014	要求： ①试验前对照技术协议书审核出厂试验方案，要求试验项目齐全，试验方案和判据符合国家标准规定； ②查看仪器、仪表，要求完好，并在检定周期内； ③查验试验人员的资质证明； ④查看试品状态：试品名称、气压、油压、接线、分合闸状态等，并记录； ⑤观察试验过程，注意仪器仪表的读数，测试结果必须符合技术协议，确认合格，并及时记录； ⑥试验过程中发现问题，要跟踪处理过程，直到全部项目合格。 断路器同期一般要求如下： ①相间合闸不同期不大于5ms； ②相间分闸不同期不大于3ms； ③同相各断口间合闸不同期不大于3ms（R点见证）； ④同相各断口间分闸不同期不大于2ms（R点见证）	试验仪器检定标识照片
			1.2 机械参数测量：分闸时间、合闸时间、合闸不同期、分闸不同期、合分合时间、分合闸速度及行程—时间特性曲线				
			1.3 性能检查如下： ①弹簧机构：检查储能时间。 ②液压机构：检查油泵打压时间、储压器预充压力、油泵启动和停止压力、额定油压、合闸闭锁和报警油压、分闸闭锁和报警油压				提供试验报告，200次分合闸前后计数器示数照片，壳体清洁之后清洁出的金属碎屑照片
			1.4 机械操作如下： ①最高（或最低）操作电压和最高（或最低）操作液（或气）压力下，连续分合5次。 ②额定操作电压和额定操作液（或气）压力下，连续进行200次合分操作，且试验后或总装配前对灭弧室进行检查。 ③在30%额定操作电压下，配额定操作液（或气）压力，连续操作3次，不得分闸。 ④具有防跳跃装置的断路器，进行3次正常的防跳跃试验				

续表

序号	见证项目			见证内容和方法	见证方式	见证依据	见证要点	补充监造要求及监造资料留存方式
1	机械操作和机械特性试验	断路器	1.5	试验结果符合技术条件要求	W	订货技术协议、出厂试验方案、GB/T 7674—2020、GB/T 1984—2014、GB/T 1985—2014	要求： ① 试验前对照技术协议书审核出厂试验方案，要求试验项目齐全，试验方案和判据符合国家标准规定； ② 查看仪器、仪表，要求完好，并在检定周期内； ③ 查验试验人员的资质证明； ④ 查看试品状态：试品名称、气压、油压、接线、分合闸状态等，并记录； ⑤ 观察试验过程，注意仪器仪表的读数，测试结果必须符合技术协议，确认合格，及时记录； ⑥ 试验过程中发现问题，要跟踪处理过程，直到全部项目合格	试验仪器检定标识照片 试验报告
		隔离开关、接地开关	1.6	主要机械尺寸测量：行程、超程、开距				
			1.7	动作特性测量：分闸和合闸时间、分闸和合闸同期（适用隔离开关）、分闸和合闸速度及行程—时间特性曲线（适用快速接地开关）				
			1.8	机械操作试验，按以下各种方式进行，至少应达到以下规定次数：手动在最低或额定操作电压下分合各 200 次				
			1.9	联锁试验			要求： ① 隔离开关、接地开关与有关断路器之间联锁，各操作 5 次； ② 隔离开关与接地开关之间联锁，各操作 5 次； ③ 动作应正确、可靠	
2	主回路电阻测量		2.1	仪器仪表		订货技术协议、出厂试验方案、GB/T 7674—2020	要求： 其精度不应低于 0.2 级	
			2.2	试品状态			提示： 环境温度、湿度	
			2.3	电阻值			要求： ① 各元件（断路器、隔离开关、接地开关、母线等）的主回路电阻可在元件装配时进行测量； ② 运输单元（间隔）的主回路电阻可在装配完成后对总回路电阻值及有关回路电阻值分别进行测量，并应有测量回路布点示意图； ③ 总装后的主回路电阻可在总装完成后进行测量，总回路电阻值及各个回路电阻值分别测量，并应有测量回路布点示意图； ④ 高压开关处于合闸位置时测得电阻不超过 1.2R（R 是型式试验时测得的相应的电阻）	
3	气体密封性试验		3.1	仪器仪表		订货技术协议、出厂试验方案、GB/T 7674—2020、GB/T 11023—2018	要求： 其灵敏度不低于 0.01μL/L	
			3.2	试品状态			要求： ① GIS 充入 SF$_6$ 气体至额定压力； ② 断路器、隔离开关及接地开关均已完成出厂试验的机械操作试验后才进行 GIS 密封性试验； ③ 包扎后，静置 24 小时进行检测	留存包扎现场见证照片
			3.3	漏气率			要求： 记录测试结果，确认合格（每个隔室应不大于 0.5%/ 年）	留存试验现场见证照片

序号	见证项目	见证内容和方法		见证方式	见证依据	见证要点	补充监造要求及监造资料留存方式
4	SF₆气体水分含量测定	4.1	仪器仪表		订货技术协议、出厂试验方案、GB/T 7674—2020	要求：记录仪器型号和精度	
		4.2	试品状态			要求：①GIS充入SF₆气体至额定压力；②充气后48小时检测，注意环境温度	
		4.3	湿度值			要求：记录测定结果（20℃），有电弧分解物气室≤150μL/L，无电弧分解物气室≤250μL/L，确认合格	留存试验现场见证照片
5	辅助回路绝缘试验	5.1	试验装置、仪表	W	订货技术协议、出厂试验方案、GB/T 7674—2020	要求：记录交流耐压装置型号	
		5.2	试验过程			要求：施加工频电压2kV/min，加压后无闪络和破坏性放电，确认合格	
6	主回路绝缘试验（交流耐压）	6.1	试验设备	H	订货技术协议、出厂试验方案、GB/T 7674—2020、DL/T 593—2016	要求：记录试验变压器型号	试验仪器检定标识照片
		6.2	试品状态			要求：气压值、分合闸位置、接线符合试验方案规定	
		6.3	试验过程		订货技术协议、出厂试验方案	要求如下：①根据制造厂试验计划时间，及时通知监造委托人一同参加见证；②试验电压：按DL/T 593—2016规定数值选取，并符合技术协议要求；对地、相间和开关断口间均采用通用值；施加工频电压至规定值1分钟，无破坏性放电，确认合格；③加压方式：对地、相间和断口（如果每相独立封闭在金属外壳内，仅需进行对地试验）三相共箱GIS，还必须做相间交流耐压	试验过程视频、试验电压照片
7	局部放电试验	7.1	试验设备、仪表		订货技术协议、出厂试验方案、GB/T 7674—2020、GB/T 7354—2018	要求：记录设备仪表型号	试验仪器检定标识照片
		7.2	试品状态			要求：气压、分合闸位置、接线符合试验方案	

续表

序号	见证项目	见证内容和方法		见证方式	见证依据	见证要点	补充监造要求及监造资料留存方式
7	局部放电试验	7.3	试验过程	H	订货技术协议，出厂试验方案、GB/T 7674—2020、GB/T 7354—2018	要求如下： ① 根据制造厂试验计划时间，及时通知监造委托人一同参加见证； ② 按 GB/T 7354—2018、GB/T 7674—2020 测量方法，进行局放试验，只对全部导体对地和三级外壳间进行，不在断口间进行； ③ 试验程序及试验电压：按 GB/T 7674—2020 中表 106 规定的加压程序及测量电压值，进行局放量测量；在耐压试验后紧接着进行，也可与耐压试验同时进行；外施工频电压升到预加值，该预加值等于工频耐受电压并保持在该值 1 分钟，在这期间出现局部放电应不予考虑；然后，电压降到规定值进行测量，这些规定值取决于进行局放试验的设备结构和系统的中性点接地方式； ④ 一个间隔局放量不应大于 5pC，单个绝缘件局放量不应大于 3pC	局放过程视频，包括方波校准过程、局放试验电压、局放量显示数值
8	雷电冲击试验	8.1	试验设备	W	现场观察，对照订货技术协议、出厂试验方案、GB/T 7674—2020、DL/T 593—2016、GB/T 16927.1—2011	要求： 记录设备仪表型号	试验仪器检定标识照片
		8.2	试品状态			要求如下： ① 在试验前应充 SF_6 气体，压力应处于最低功能压力下； ② 在不影响产品性能的前提下，可在单个功能单元、单个间隔、两个间隔或多个间隔上进行，视需要而定	试验过程视频，试验波形照片
		8.3	试验过程			要求如下： ① 试验电压：按 DL/T 593—2016 或 GB/T 7674—2020 中表 102、表 103 规定的数值选取，并符合技术协议； ② 加压方式：对地、相间（如果每相独立封闭在金属外壳内的，仅需进行对地试验）及分开的开关装置断口间进行； ③ SF_6 气体压力应为最低功能压力，可在功能单元或单个间隔上进行。在正、负两种极性的电压下各进行 3 次雷电冲击全波。 提示： 试验波形满足标准雷电波形要求	

第10章 GIS包装运输监造要点及要求

1. 待运监造要点

在GIS户外待发运存放时，按户外包装要求进行包装保存，如产品存放时间较长，要定期巡视，对各气室的压力值进行查看和记录。

2. 包装运输监造要点

①产品做完出厂试验解体检查后，要及时封装包装盖板，充微正压高纯氮或充微正压的SF_6气体。

②核对产品铭牌参数、内容。

③核对备品配件及专用工具，要与包装清单相符。

④核对断路器，隔离、接地开关是否处于合闸位置；机构处于未储能状态，按运输拼装单元设置独立的支撑底架，并设置和标明起吊部位、在运输中需要拆除的部位，必要时应增设运输临时支撑。

⑤在见证断路器、隔离开关、电压互感器和避雷器运输单元上加装三维冲击记录仪；在其他运输单元上，加装振动指示器。

第11章　国家电网公司十八项电网重大反事故措施相关条款（GIS）

表11-1所示为防止开关设备（GIS）事故条款见证。

表 11-1　防止开关设备（GIS）事故条款见证（节选）

序号	条款号	条款主要内容
1	12.1.1.1	断路器本体内部的绝缘件必须经过局部放电试验方可装配，要求在试验电压下单个绝缘件的局部放电量不大于3pC
2	12.1.1.2	断路器出厂试验前应带原机构进行不少于200次的机械操作试验（其中每100次操作试验的最后20次应为重合闸操作试验）。断路器动作次数计数器不得带有复归机构
3	12.1.1.3.1	密度继电器与开关设备本体之间的连接方式应满足不拆卸校验密度继电器的要求
4	12.1.1.3.2	密度继电器应装设在与被监测气室处于同一运行环境温度的位置。对于严寒地区的设备，其密度继电器应满足环境温度在 -40 ～ -25℃时准确度不低于 2.5 级的要求
5	12.1.1.3.3	新安装252kV 及以上断路器每相应安装独立的密度继电器
6	12.1.1.3.4	户外断路器应采取防止密度继电器二次接头受潮的防雨措施
7	12.1.1.5	户外汇控箱或机构箱的防护等级应不低于IP45，箱体应设置可使箱内空气流通的迷宫式通风口，并具有防腐、防雨、防风、防潮、防尘和防小动物进入的性能。带有智能终端、合并单元的智能控制柜防护等级应不低于IP55。非一体化的汇控箱与机构箱应分别设置温度、湿度控制装置
8	12.1.1.6.2	在断路器出厂试验、交接试验及例行试验中，应进行中间继电器、时间继电器、电压继电器动作特性校验
9	12.1.1.6.3	断路器分、合闸控制回路的端子间应有端子隔开，或采取其他有效防误动措施
10	12.1.1.6.4	新投的分相弹簧机构断路器的防跳继电器、非全相继电器不应安装在机构箱内，应装在独立的汇控箱内
11	12.1.1.10	断路器液压机构应具有防止失压后慢分慢合的机械装置。液压机构验收、检修时应对机构防慢分慢合装置的可靠性进行试验
12	12.1.1.11	断路器出厂试验及例行检修中，应检查绝缘子金属法兰与瓷件胶装部位防水密封胶的完好性，必要时复涂防水密封胶
13	12.2.1.2	GIS气室应划分合理，并满足以下要求： ① GIS 最大气室的气体处理时间不超过 8h。252kV 及以下设备单个气室长度不超过 15m，且单个主母线气室对间隔不超过 3 个； ②双母线结构的 GIS：同一间隔的不同母线隔离开关应各自设置独立隔室。252kV 及以上 GIS 母线隔离开关禁止采用与母线共隔室的设计结构； ③三相分箱的 GIS 母线及断路器气室：禁止采用管路连接，独立气室应安装单独的密度继电器，密度继电器表计应朝向巡视通道
14	12.2.1.3	生产厂家应在设备投标、资料确认等阶段提供工程伸缩节配置方案，并经使用单位组织审核。方案内容包括伸缩节类型、数量、位置及"伸缩节（状态）伸缩量—环境温度"对应明细表等调整参数。伸缩节配置应满足跨不均匀沉降部位（室外不同基础、室内伸缩缝等）的要求。 用于轴向补偿的伸缩节应配备伸缩量计量尺

序号	条款号	条款主要内容
15	12.2.1.4	双母线、单母线或桥形接线中，GIS 母线避雷器和电压互感器应设置独立的隔离开关。3/2 断路器接线中，GIS 母线避雷器和电压互感器不应装设隔离开关，宜设置可拆卸导体作为隔离装置。可拆卸导体应设置于独立的气室内。架空进线的 GIS 线路间隔的避雷器和线路电压互感器宜采用外置结构
16	12.2.1.5	新投运 GIS 采用带金属法兰的盆式绝缘子时，应预留窗口用于特高频局部放电检测。采用此结构的盆式绝缘子可取消罐体对接处的跨接片，但生产厂家应提供型式试验依据。如需采用跨接片，户外 GIS 罐体上应有专用跨接部位，禁止通过法兰螺栓直连
17	12.2.1.6	户外 GIS 法兰对接面宜采用双密封，并在法兰接缝、安装螺孔、跨接片接触面周边、法兰对接面注胶孔、盆式绝缘子浇注孔等部位涂防水胶
18	12.2.1.8	吸附剂罩的材质应选用不锈钢或其他高强度材料，结构应设计合理。吸附剂应选用不易粉化的材料并装于专用袋中，绑扎牢固
19	12.2.1.9	盆式绝缘子应尽量避免水平布置
20	12.2.1.10	对相间连杆采用转动、链条传动方式设计的三相机械联动隔离开关，应在从动相同时安装分 / 合闸指示器
21	12.2.1.11	GIS 用断路器、隔离开关和接地开关以及罐式 SF$_6$ 断路器，出厂试验时应进行不少于 200 次的机械操作试验（其中断路器每 100 次操作试验的最后 20 次应为重合闸操作试验），以保证触头充分磨合。200 次操作完成后应彻底清洁壳体内部，再进行其他出厂试验
22	12.2.1.12	GIS 内绝缘件应逐只进行 X 射线探伤试验、工频耐压试验和局部放电试验，局部放电量不大于 3pC
23	12.2.1.13	生产厂家应对金属材料和部件材质进行质量检测，对罐体、传动杆、拐臂、轴承（销）等关键金属部件应按工程抽样开展金属材质成分检测，按批次开展金相试验抽检，并提供相应报告
24	12.2.1.14	GIS 出厂绝缘试验宜在装配完整的间隔上进行，252kV 及以上设备还应进行正负极性各 3 次雷电冲击耐压试验
25	12.2.1.15	生产厂家应对 GIS 及罐式断路器罐体焊缝进行无损探伤检测，保证罐体焊缝 100% 合格
26	12.2.1.16	装配前应检查并确认防爆膜是否受外力损伤，装配时应保证防爆膜泄压方向正确、定位准确，防爆膜泄压挡板的结构和方向应避免在运行中积水、结冰、误碰。防爆膜喷口不应朝向巡视通道
27	12.2.1.17	GIS 充气口保护封盖的材质应与充气口材质相同，防止电化学腐蚀
28	12.2.2.1	GIS 出厂运输时，应在断路器、隔离开关、电压互感器、避雷器和 363kV 及以上套管运输单元上加装三维冲击记录仪，其他运输单元加装震动指示器。运输中如出现冲击加速度大于 3g 或不满足产品技术文件要求的情况，产品运至现场后应打开相应隔室检查各部件是否完好，必要时可增加试验项目或返厂处理

第12章 GIS常见问题分类及控制措施建议

1. 原材料/组部件问题

①原材料/组部件生产厂家不符合技术协议要求。

②原材料/组部件材质、颜色、技术参数不符合技术协议要求。

2. 工艺控制问题

①螺栓无紧固标识。

②工艺控制不当导致磕碰、损伤、腐蚀现象。

③生产工艺控制不严导致漏气。

④机构箱内二次线排布不规范。

3. 出厂试验问题

①异物或毛刺引起放电。

②雷电冲击试验时波前时间不满足标准。

③气体密封性试验结果超标。

④主回路绝缘试验及主回路电阻测量时未安装套管。

⑤局放试验电压值不满足要求。

4. 设计/结构问题

①未按要求安装电压继电器。

②设备预留跨接片安装位置与法兰螺栓共用。

③本体二次走线未按要求加装金属走线槽。

④汇控柜加热器选用功率不满足要求。

5. 其他问题

①开关分合闸指示无刻度线。

②铭牌少字、打错。

③未安装SF_6气体压力曲线标识牌。

6. 控制措施建议（包括但不限于以下几项）

①加强全过程管控，严格按照工艺指导书和标准工序生产和监造。

②加强导体、绝缘件、试验工装的清洁。

③督促制造厂在材料部件的厂家/参数上相对于技术协议有变更时，应主动提交变更申请；按照流程，进行审批，方可变更；完善事前及事后审批流程。

④严格履行监造发现问题后的确认闭环流程，杜绝以工期紧张为由造成遗漏环节，从而埋下隐患。

第13章　驻厂监造安全管理及危险源识别

1. 危险源识别

对重要环境因素和需要采取控制措施的危险源及其风险有关的运行和活动进行识别、策划和控制，确保其在规定的条件下运行，以实现环境、职业健康安全方针、目标和指标，不断改进环境条件，消除或降低职业健康安全风险。驻厂监造组总监是监造现场安全第一责任人，负责组织、监督、检查监造现场的安全生产工作，确保安全生产。

2. 办公区域危险源识别

定期检查插座缺陷：是否存在线路老化情况，是否可能有电器漏电隐患。不得使用未经过安全检测的用电器具，严禁超负荷使用电气设备。

遇到极端天气或者在下班前，应认真检查所辖办公区域：门窗是否关好，办公设备、空调和电灯电源是否关闭，且应责任到人。

检查重点防火部位设施是否完善，是否配备了便携式灭火器，是否对员工进行了防火培训。

办公室是否有自来水龙头或者热水器等水容器，定期检查水龙头、热水器等设备，避免发生漏水事故，以免造成办公设备损失。

3. 车间区域危险源识别

监造人员进入车间后，必须按规定戴好安全帽，佩戴监造工作牌。尤其是男员工，严禁穿拖鞋、背心、短裤，以及其他不规范着装进入车间。

监造人员不得私自将与工作无关的人员带入车间。

严禁在车间内吸烟、严禁带火种（如打火机、火柴等）进入重点防火区域（如油罐区域、锅炉房、油箱车间、化工材料库、氧气房、采购部化工仓库等）。

进入车间后，在安全通道上，稳步通行，切勿跑、追、赶。

不得用手触摸现场原材料等。

行车在吊运时，严禁站在吊运物下面。

监造人员在检查生产设备和试验设备运行情况时，未经允许严禁操作、调试现场设备。

监造人员严禁接触化学物品，在油漆车间要佩戴口罩，以防对人体造成伤害。

未经允许，不得进入贴有"危险区域"或"严禁入内"等危险性危险警告标识的作业场所。

在车间时，监造人员对挂有"严禁烟火""有电危险""有人工作、切勿合闸"等危险警告标识的场所应严格遵守制造单位的安全要求。

在监造人员进入高压试验站时，必须确认安全，方可进入试验现场。

监造人员应增强自我保护意识，防范各类安全事故的发生。